Betriebswirtschaftliche Formeln

Prof. Dr. Jörg Wöltje

Inhalt

Inhalt „Betriebswirtschaftliche Formeln Training"

Vorwort

Wer in seinem täglichen Berufsleben nicht ohne betriebswirtschaftliche Formeln und Kennzahlen auskommt, dem hilft
diese Formelsammlung. Darüber hinaus eignet sie sich für
Studierende und Weiterbildungsteilnehmer als handliches
Nachschlagewerk.

Aufgeteilt in die für jedes Unternehmen wichtigen Bereiche
Materialwirtschaft, Produktion, Marketing, Kostenrechnung,
Jahresabschlussanalyse, Finanzierung, Investitionsrechnung
und Personal finden Sie hier die bedeutsamsten Formeln,
Schemata und Kennzahlen.

Dieser TaschenGuide versteht sich ausdrücklich nicht als
Lehrbuch, sondern als praktische Zusammenstellung der
wichtigsten Kennzahlen und Formeln. Um möglichst viele
davon aufzunehmen, wurde auf Erläuterungen weitgehend
verzichtet. Wer sich über bestimmte Bereiche tief gehender
informieren möchte, findet im Literaturverzeichnis am Ende
des Buchs hilfreiche Hinweise.

Ich wünsche Ihnen einen erfolgreichen Einsatz dieser Formelsammlung für Ihren Beruf, Ihr Studium oder Ihre Weiterbil-
dung.

Prof. Dr. Jörg Wöltje

Grundlagen des Wirtschaftens

Die Betriebswirtschaftslehre ist die Lehre vom Wirtschaften im Betrieb. Wirtschaften ist der Inbegriff aller planvollen menschlichen Tätigkeiten, die unter Beachtung des ökonomischen Prinzips mit dem Zweck erfolgen, die – an den Bedürfnissen der Menschen gemessen – bestehende Knappheit der Güter zu verringern.

Erfolgsziele

Ausprägungen des ökonomischen Prinzips sind:

- Maximalprinzip: Handle stets so, dass mit gegebenen Mitteln das größtmögliche Ergebnis erzielt wird.
- Minimalprinzip: Handle stets so, dass ein vorgegebenes Ziel mit minimalem Einsatz erreicht wird.
- Generelles Extremumprinzip: Handle stets so, dass das Verhältnis von Einsatz und Nutzen bestmöglich wird.

Produktivität

Die Ergiebigkeit der betrieblichen Faktorkombination wird als Produktivität bezeichnet.

$$\text{Produktivität} = \frac{\text{Ausbringungsmenge}}{\text{Faktoreinsatzmenge}}$$

Beispiele für Produktivitätsarten:

$$\text{Arbeitsproduktivität} = \frac{\text{Anzahl geprüfter Anträge}}{\text{Arbeitsstunde}}$$

$$\text{Flächenproduktivität} = \frac{\text{Umsatz}}{m^2}$$

$$\text{Maschinenproduktivität} = \frac{\text{Anzahl Stück}}{\text{Maschinenstunde}}$$

Die Produktivität gibt das mengenmäßige Verhältnis zwischen Output und Input des Produktionsprozesses an.

Wirtschaftlichkeit

Mit der Wirtschaftlichkeit wird – im Gegensatz zur Produktivität – ein Wertverhältnis zum Ausdruck gebracht. Als Wertgrößen dienen die aus dem Güter- und Finanzprozess abgeleiteten Größen Aufwand und Ertrag:

$$\text{Wirtschaftlichkeit} = \frac{\text{Ertrag}}{\text{Aufwand}} \quad \text{oder} \quad \frac{\text{Leistungen}}{\text{Kosten}}$$

Gelegentlich wird die Relation von Soll- und Ist-Größen (zur Definition der Wirtschaftlichkeit) als zweckmäßig betrachtet.

$$\text{Wirtschaftlichkeit} = \frac{\text{Sollkosten}}{\text{Istkosten}}$$

Wertschöpfung

Die Wertschöpfung errechnet sich aus der Gesamtleistung abzüglich aller Vorleistungen zuzüglich staatlicher Subventionen.

Betriebsbezogene Wertschöpfung					
Gesamtkostenverfahren			**Umsatzkostenverfahren**		
2	+/–	Umsatzerlöse Bestandsverände-rungen an fertigen und unfertigen Er-zeugnissen	6	+	Umsatzerlöse Sonstige betriebliche Erträge
3	+	Andere aktivierte Eigenleistungen	2	–	Herstellungskosten der z. Erzielung der Um-satzerlöse erbrachten Leistungen
4	+	Gesamtleistung Sonstige betriebliche Erträge	4	–	Vertriebskosten
			5	–	Allgemeine Verwal-tungskosten
		Betriebsertrag	7	–	Sonstige betriebliche Aufwendungen
5	–	Materialaufwand		+	Personalaufwand
7	–	Abschreibungen		=	Wertschöpfung
8	–	Sonstige betriebliche Aufwendungen			
		Vorleistungen			
	=	Wertschöpfung			

Betriebsbez. Wertschöpfung $= \dfrac{\text{Wertschöpfung}}{\text{Betriebsergebnis}} \times 100$

Rentabilität

Die Rentabilität ist eine relative Kennzahl, die eine Erfolgsgröße (Gewinn) in Beziehung zum eingesetzten Kapital setzt.

$$\text{Rentabilität} = \frac{\text{Gewinn}}{\text{Kapitaleinsatz}} \times 100$$

Für die Rentabilitätsrechnung kann das Durchschnittskapital
oder das Kapital am Bilanzstichtag verwendet werden.

$$\text{Betriebsrentabilität} = \frac{\text{Betriebsergebnis}}{\text{betriebsnotwendiges Kapital}} \times 100$$

Für die Analyse der Ertragskraft eines Unternehmens ist die
Betriebsrentabilität von besonderer Bedeutung. Das Betriebsergebnis zeigt, welchen Erfolg das Unternehmen durch seine
eigentliche betriebliche Tätigkeit erwirtschaftet hat.

Ermittlung des betriebsnotwendigen Kapitals:

	betriebsnotwendiges Anlagevermögen
+	betriebsnotwendiges Umlaufvermögen
=	**betriebsnotwendiges Vermögen**
-	Abzugskapital (zinsfrei verfügbares Fremdkapital)
=	**betriebsnotwendiges Kapital**

Materialwirtschaft

Die Materialwirtschaft befasst sich mit der Beschaffung, Disposition, Lagerung, Verteilung und – soweit erforderlich – Entsorgung der vom Unternehmen benötigten Materialien.

Materialanalyse

ABC-Analyse

Die ABC-Analyse ist eine Methode, die es ermöglicht, das Wesentliche vom Unwesentlichen zu unterscheiden. Sie beruht auf der Erfahrung, dass meistens ein relativ kleiner Teil der Gesamtzahl der Materialarten und/oder der verbrauchten Gütermenge einen großen Anteil am Gesamtwert der verbrauchten Güter hat.

ABC-Analyse		
	Wertanteil einer Materialart am Gesamtwert	Mengenanteil einer Materialart an der Gesamtmenge
A-Güter	70–80 %	10–20 %
B-Güter	10–20 %	20–30 %
C-Güter	5–10 %	60–70 %
gesamt	100 %	100 %

Reihenfolge bei der Durchführung der ABC-Analyse:

1 Berechnung des Gesamtverbrauchswerts jeder Materialart pro Periode (Menge multipliziert mit Einstandspreis).

2 Ordnen der Materialarten in absteigender Reihenfolge in Bezug auf den Gesamtverbrauchswert.

3 Berechnung des prozentualen Anteils an der Gesamtzahl aller verbrauchten Güter.

4 Kumulieren der prozentualen Anteile am Gesamtverbrauch aller Güter.

5 Berechnung des prozentualen Anteils am Gesamtverbrauchswert aller Materialarten.

6 Kumulieren der prozentualen Anteile am Gesamtverbrauchswert aller Materialien.

7 Einteilung der Materialien in A-, B- und C-Güter.

(Quelle: Thommen/Achleitner, S. 320, 2006)

Materialbedarfsermittlung

Zugangsmethode
Verbrauch = Zugang laut Lieferschein

Inventurmethode
Verbrauch = Anfangsbestand + Zugang – Endbestand

Skontraktionsmethode (Fortschreibungsmethode)
Endbestand = Anfangsbestand + Zugang - Abgang

Retrograde Methode (Rückrechnung)

Verbrauch = Verbrauch laut Stücklisten oder anderer technischer Verbrauchsangaben × produzierte Menge

Die Verbrauchsmengen werden durch Rückrechnung aus den produzierten Halb- und Fertigerzeugnissen abgeleitet.

Ermittlung des Nettobedarfs (Bestellmenge)

	Bruttobedarf (= Primär-, Sekundär- u. Tertiärbedarf)
–	Lagerbestand (= Buchbestand)
–	Werkstattbestand (= work in progress)
–	Bestellbestand (= offene Bestellungen)
+	Vormerkungen (= Auftragsbestand)
=	**Bestellmenge (Nettobedarf)**

Ermittlung der optimalen Bestellmenge

$$x_{opt} = \sqrt{\frac{200 \times M \times a}{p \times q}}$$

M   = Gesamtjahresbedarf
x_{opt} = optimale Bestellmenge
p   = Einstandspreis pro Mengeneinheit
a   = auftragsfixe Kosten (bestellfixe Kosten)
q   = Zins- und Lagerkostensatz pro Jahr (in Prozenten)

Die optimale Bestellmenge weist die günstigste Kostensituation aus.

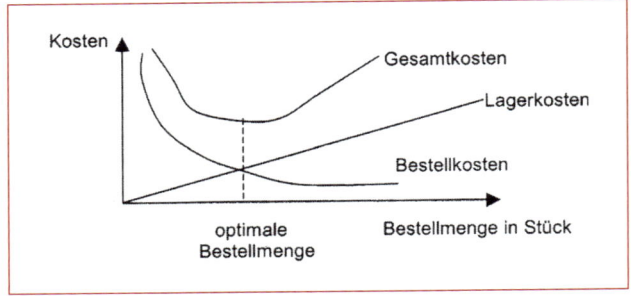

Abbildung: Kostenverlauf für die optimale Bestellmenge

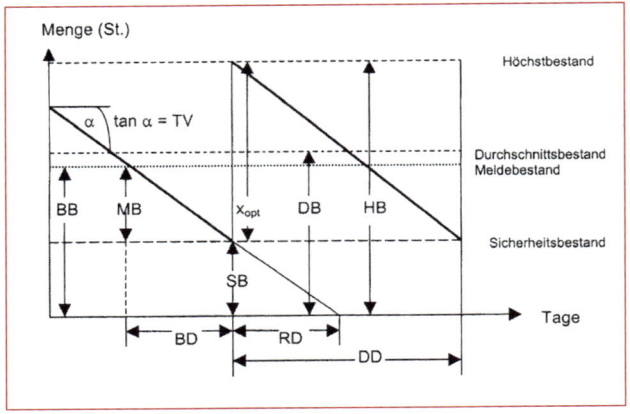

Abbildung: Idealisierte Lagerbestandskurve

M	= Jahresverbrauch	T	= Arbeitstage pro Jahr
TV	= Tagesverbrauch	x_{opt}	= optimale Bestellmenge
BD	= Beschaffungsdauer	RD	= Risikodauer
DD	= durchschn. Lagerdauer	MB	= Mindestbestand
SB	= Sicherheitsbestand	DB	= Durchschnittsbestand
BB	= Bestellpunkt- oder Meldebestand	HB	= Höchstbestand

Kennzahlen zur Bestandsführung

$$\textbf{Tagesverbrauch} \, (TV) = \frac{\text{Jahresverbrauch}}{\text{Arbeitstage pro Jahr}}$$

$$\textbf{Durchschn. Lagerdauer} \, (DD) = \frac{\text{optimale Bestellmenge}}{\text{Tagesverbrauch}}$$

Mindestbestand (MB)
= Beschaffungsdauer × Tagesverbrauch

Sicherheitsbestand (SB)
= Risikodauer × Tagesverbrauch

Meldebestand = Bestellpunktbestand (BB)

= Mindestbestand + Sicherheitsbestand oder

= Beschaffungsdauer + Risikodauer × Tagesverbrauch

Der Meldebestand gibt an, bei welchem Lagerbestand eine Bestellung auszulösen ist.

Verfügbarer Bestand

Der verfügbare Bestand ist zu ermitteln, wenn Vormerkungen für den Fertigungsplan oder offene Bestellungen zu bestimmten Terminen gegeben sind.

	aktueller Lagerbestand
+	offene Bestellungen
-	Vormerkungen
=	**verfügbarer Bestand**

Bestellpunkt- und Bestellrhythmussystem

Beim Bestellpunktsystem werden immer dann Bestellungen aufgegeben, wenn die Vorräte auf einen im Voraus bestimmten Lagerbestand, den so genannten Meldebestand, absinken. Der Zeitraum zwischen zwei Bestellungen variiert, nicht aber die jeweilige Bestellmenge.

Das Bestellrhythmussystem ist dadurch gekennzeichnet, dass der Zeitraum zwischen zwei Bestellungen gleich bleibt. Es ergeben sich fixe Bestellzeitpunkte und variable Bestellmengen.

Lagerkennziffern

Lieferbereitschaftsgrad

$$= \frac{\text{Anzahl der bedienten Bedarfspositionen}}{\text{Anzahl aller Bedarfspositionen}} \times 100$$

Durchschnittlicher Lagerbestand

$$= \frac{\text{Anfangsbestand} + \text{Endbestand}}{2} \text{ oder}$$

$$= \frac{\text{Jahresanfangsbestand} + 12 \text{ Monatsendbestände}}{13}$$

Der durchschnittliche Lagerbestand zeigt an, wie viel betriebliches Kapital im Lager gebunden ist.

Reichweite des Lagerbestands $= \dfrac{\text{durchschnittlicher Lagerbestand}}{\text{durchschnittlicher Bedarf}}$

Lagerumschlagshäufigkeit $= \dfrac{\text{Materialeinsatz pro Jahr}}{\text{durchschnittlicher Lagerbestand}}$

Die Lagerumschlagshäufigkeit wird in der Regel für einzelne Materialgruppen berechnet.

Lagerdauer (durchschnittliche Verweildauer in Tagen)

$$= \frac{365 \text{ Tage}}{\text{Lagerumschlagshäufigkeit}}$$

$$= \frac{\text{durchschnittlicher Lagerbestand} \times 365 \text{ Tage}}{\text{Materialeinsatz}}$$

Lagerbestand in Prozent des Umsatzes $= \dfrac{\text{Lagerbestand}}{\text{Umsatz}} \times 100$

$$\text{Lagerkapazitätsauslastungsgrad} = \frac{\text{belegte Lagerfläche}}{\text{Gesamtlagerfläche}} \times 100$$

$$\text{Vorräteintensität} = \frac{\text{Vorräte}}{\text{Gesamtvermögen}} \times 100$$

$$\text{Lagerkostensatz} = \frac{\text{Lagerkosten gesamt}}{\text{Lagerbestandswert}} \times 100$$

$$\text{Lagerzinssatz} = \frac{\text{durchschnittliche Lagerdauer} \times \text{Jahreszinssatz}}{360 \text{ Tage}}$$

Der Lagerzinssatz dient zur Ermittlung der kalkulatorischen Zinsen für das im Lager gebundene Kapital.

Lagerbestandsstruktur nach Versorgungssicherheit

$$= \frac{\text{Sicherheitsbestand}}{\text{Gesamtlagerbestand}} \times 100$$

Produktion

Mit vernünftigen Kennzahlen in der Fertigung kann man Fertigungsprozesse quantifizieren und Veränderungen sichtbar machen.

Ermittlung der optimalen Losgröße

$$x_{opt} = \sqrt{\frac{2 \times M \times R_k}{k_{Hk} \times q}}$$

x_{opt} = optimale Losgröße
M = Gesamtproduktionsmenge pro Periode
R_k = Rüstkosten
k_{HK} = Herstellkosten pro Stück
q = Lager- und Zinskostensatz

Hier ist der gegenläufige Einfluss zwischen Rüst- und Lagerkosten zu beachten.

Break-even-Point (Gewinnschwelle)

Der Break-even-Point zeigt diejenige Absatzmenge, bei der die Erlöse die Kosten decken und die Gewinnzone beginnt.

U = Umsatzerlösgerade = Preis (p) × Menge (x)

u = Stückerlös

K_g = Gesamtkosten

K_f = fixe Gesamtkosten

K_v = variable Gesamtkosten = variable Stückkosten × Menge

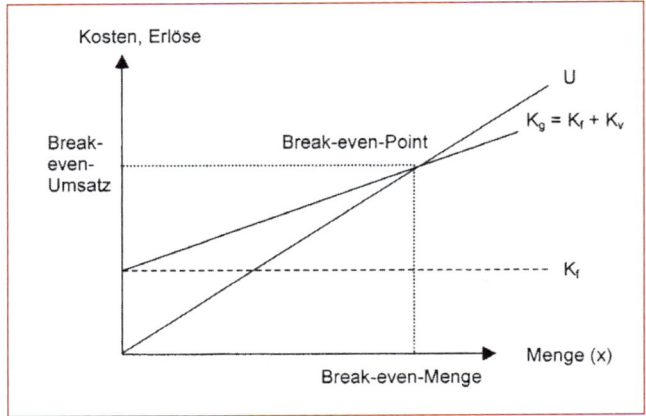

Abbildung: Break-even-Point

Es gilt beim Break-even-Point:

Erlöse = Kosten, d. h. der Gewinn = 0

Bei einer niedrigeren Produktionsmenge wird noch Verlust gemacht, bei einer höheren Produktionsmenge wird ein Gewinn erzielt.

$$\text{Break} - \text{even} - \text{Menge} = \frac{\text{fixe Gesamtkosten}}{\text{Stückerlös} - \text{variable Stückkosten}}$$

$$\text{Break} - \text{even} - \text{Menge} = \frac{\text{fixe Gesamtkosten}}{\text{Stückdeckungsbeitrag}}$$

Break-even-Umsatz

Der Break-even-Umsatz liegt dort, wo die Umsatzerlöse genauso hoch sind wie die Gesamtkosten.

$$U = K_g = k_v \times X + K_f$$

$$X = \frac{K_f}{u - k_v}$$

k_v = variable Stückkosten
u = Stückerlöse
K_f = fixe Gesamtkosten
X = Menge

$$\text{Break} - \text{even} - \text{Umsatz} = k_v \times \frac{K_f}{u - k_v} + K_f$$

$$\text{Break} - \text{even} - \text{Umsatz} = \frac{\text{fixe Gesamtkosten}}{\text{Deckungsbeitrag in \% vom Umsatz}}$$

Der Break-even-Umsatz kann auch ermittelt werden, indem die Break-even-Menge mit dem Stückpreis multipliziert wird.

Operative Produktionsprogramm- planung

In der Kurzfristperspektive kann die Programmoptimierung mithilfe der Deckungsbeitragsrechnung erfolgen.

Produktion ohne Kapazitätsengpass

Es können alle Produkte in das optimale Produktionsprogramm aufgenommen werden, deren Stückdeckungsbeitrag positiv ist. Bei einem positiven Deckungsbeitrag sollte die Produktion beibehalten und bis zur Maximalmenge ausgedehnt werden.

Stückdeckungsbeitrag = Stückerlöse – variable Kosten/Stück

> Merke: Produkte mit positivem Deckungsbeitrag steigern mit jedem zusätzlich verkauften Stück den Gewinn.

Produktion mit einem Engpass

Die Programmentscheidung orientiert sich am relativen Deckungsbeitrag

$$\text{Relativer Deckungsbeitrag} = \frac{\text{Stückdeckungsbeitrag}}{\text{Engpassbeanspruchung}}$$

Vorgehensweise für die Optimierungsrechnung:

1 Berechnen Sie die Stückdeckungsbeiträge der Produkte.

2 Ermitteln Sie die relativen Stückdeckungsbeiträge. Ordnen Sie die Produkte nach abnehmenden relativen Stückdeckungsbeiträgen.

3 Die freien Produktionskapazitäten werden zuerst mit dem Produkt des höchsten relativen Stückdeckungsbeitrags belegt, anschließend mit dem zweithöchsten, dann mit dem dritthöchsten usw., bis keine freie Kapazität mehr zur Verfügung steht.

Kontrolle im Produktionsbereich

Die Ausnutzung der vorhandenen Kapazität zeigt die Kennzahl „Beschäftigungsgrad":

$$\text{Beschäftigungsgrad} = \frac{\text{Ist-Beschäftigung}}{\text{Plan-Beschäftigung}} \times 100$$

Der Beschäftigungsgrad zeigt die Auslastung der vorhandenen Kapazität an.

$$\text{Kapazitätsauslastungsgrad} = \frac{\text{Fertigungsstunden}}{\text{Kapazitätsstunden}} \times 100$$

$$\text{Ausschussquote} = \frac{\text{Ausschussmenge}}{\text{Produktionsmenge}} \times 100$$

Die Ausschussquote ist ein Maßstab für die Qualität der Fertigung.

Reklamationsquote $= \dfrac{\text{reklamierte Menge}}{\text{Auslieferungsmenge}} \times 100$

Arbeitsproduktivität $= \dfrac{\text{Gesamtleistung}}{\text{Mitarbeiter Produktion}} \times 100$

Personalkostenquote Produktion

$= \dfrac{\text{Personalkosten Produktion}}{\text{Gesamtleistung}} \times 100$

Anlagenproduktivität

$= \dfrac{\text{Gesamtleistung}}{\text{betriebsnotwendiges Anlagevermögen}} \times 100$

Marketing

Um die Absatzchancen der Produkte abschätzen zu können und eine Entscheidungsgrundlage für die übrige betriebliche Funktion zu haben, sind Informationen über den Markt von großer Bedeutung. Hierzu gehören vor allem:

- Marktpotenzial: maximale Aufnahmefähigkeit des Marktes für ein bestimmtes Gut oder eine bestimmte Dienstleistung.

- Marktvolumen: effektiv realisiertes oder geschätztes Absatzvolumen eines bestimmten Gutes oder eine bestimmte Dienstleistung.

- Marktanteil: das von einem Unternehmen realisierte Absatzvolumen in Prozent des Marktvolumens.

Kennzahlen zum Markt

$$\text{Sättigungsgrad} = \frac{\text{Marktvolumen}}{\text{Marktpotenzial}} \times 100$$

Bei einem niedrigen Sättigungsgrad kann durch Marketingmaßnahmen ein höherer Absatz angestrebt werden.

$$\text{Absoluter Marktanteil} = \frac{\text{Unternehmensumsatz}}{\text{Marktvolumen}} \times 100$$

$$\text{Relativer Marktanteil} = \frac{\text{eigener Marktanteil}}{\text{Marktanteil des Marktführers}} \times 100$$

Der relative Marktanteil zeigt die Position des Unternehmens in einem Segment im Vergleich zum größten Wettbewerber.

Marktwachstum

$$= \frac{\text{Marktvolumen im Planungszeitraum}}{\text{Marktvolumen im Vorjahr}} \times 100$$

Marktanteilsentwicklung

$$= \frac{\text{Marktanteil einer Periode}}{\text{Marktanteil Vergleichsperiode}} \times 100$$

Die Marktanteilsentwicklung zeigt Veränderungen des Marktanteils im Vergleich zu einer anderen Periode (z. B. Basisjahr, Vorjahr).

Vertriebskennzahlen

$$\text{Angebotserfolg} = \frac{\text{erhaltene Aufträge}}{\text{abgegebene Angebote}} \times 100$$

Der Angebotserfolg zeigt den Erfolg abgegebener Angebote.

Auftragsentwicklung

$$= \frac{\text{aktuelle Auftragseingänge}}{\text{Auftragseingänge Vergleichsperiode}} \times 100$$

Sie zeigt einen Vergleich z. B. zwischen dem aktuellen und dem alten Jahr.

Auftragseingangsstruktur (Verkaufsgebiete)

$$= \frac{\text{Auftragseingang nach Verkaufsgebieten}}{\text{Gesamtauftragseingang}} \times 100$$

Auftragseingangsstruktur (Erzeugnisse)

$$= \frac{\text{Auftragseingang nach Erzeugnissen}}{\text{Gesamtauftragseingang}}$$

Auftragsbestandsstruktur (z. B. nach Erzeugnissen)

$$= \frac{\text{Auftragsbestand nach Erzeugnissen}}{\text{Gesamtauftragsbestand}} \times 100$$

$$\text{Auftragsreichweite} = \frac{\text{Auftragsbestand in € } \times \text{ 365 Tage}}{\text{Umsatz der letzten 12 Monate}}$$

Sie zeigt, wie lange die Kapazität noch ausgelastet ist.

$$\text{Auftragsgröße} = \frac{\text{Umsatz}}{\text{Anzahl der Aufträge}} \times 100$$

Sie zeigt den durchschnittlichen Umsatz pro Auftrag.

$$\text{Exportquote} = \frac{\text{Auslandsumsatz}}{\text{Gesamtumsatz}} \times 100$$

Sie zeigt die Abhängigkeit vom Export.

$$\text{Werbeerfolg} = \frac{\text{Umsatzzuwachs}}{\text{Aufwendungen der Werbeaktion}} \times 100$$

Marketingcontrolling

Kundendeckungsbeitragsanteil in %

$$= \frac{\text{Deckungsbeitrag ABC-Kunden}}{\text{Gesamtdeckungsbeitrag}} \times 100$$

Sicherheitsgrad in % $= \dfrac{\text{Gewinn}}{\text{Deckungsbeitrag}} \times 100$

Preiselastizität der Nachfrage $= \dfrac{\text{relative Mengenänderung}}{\text{relative Preisänderung}}$

Kreuzpreiselastizität $= \dfrac{\text{relative Mengenänderung Produkt B}}{\text{relative Preisänderung Produkt A}}$

Werbeelastizität

$$= \frac{\text{relative Umsatzveränderung von Periode } t_0 \text{ zu Periode } t_1}{\text{relative Werbeaufwandsveränderung von Periode } t_0 \text{ zu Periode } t_1}$$

Kalkulationsschemata

Die Kalkulationsschemata werden für die Angebotskalkulation (Vorkalkulation) eingesetzt. Es wird der Angebotspreis ermittelt, der alle Kosten einschließlich Gewinnzuschlag enthält.

Kalkulationsschema des Handels

Einkaufspreis der Ware

—   Rabatte, Boni, Skonti vom Lieferanten

+   Bezugskosten

=   **Einstandspreis (Bezugspreis) der Ware**
+   Handlungskostenzuschlag in % der Einstandspreise

=   **Selbstkosten der Ware**
+   Gewinnzuschlag in % der Selbstkosten

=   **Nettoverkaufspreis der Ware**
+   Kundenskonto + Vertreterprovision

=   **Zielverkaufspreis der Ware**

+   Mehrwertsteuer

=   **Bruttoverkaufspreis der Ware**

Handelsspanne (Rohgewinnspanne in %)

$$= \frac{\text{Rohgewinn Warengruppe}}{\text{Nettoumsetz Warengruppe}} \times 100$$

Kalkulationsschema der Industrie

Materialeinzelkosten

+   Materialgemeinkosten

=   **Materialkosten**
+   Fertigungslöhne

+   Fertigungsgemeinkosten

+   Sondereinzelkosten der Fertigung

= **Herstellkosten**

+ Verwaltungsgemeinkosten

+ Vertriebsgemeinkosten

+ Sondereinzelkosten des Vertriebs

= **Selbstkosten**

+ Gewinnzuschlag

= **Barverkaufspreis**

+ Kundenskonto i. H.

+ Vertreterprovision i. H.

= **Zielverkaufspreis**

+ Kundenrabatt i. H.

= **Nettoverkaufspreis (ohne Mehrwertsteuer)**

Kostenrechnung

Die Kosten- und Leistungsrechnung zählt zum internen Rechnungswesen.

Begriffe der Kostenrechnung

Klassifikation der Kosten

Kosten lassen sich nach folgenden Kriterien einteilen:

- Bezugsgröße
  - Zeitraumkosten (Kosten pro Abrechnungsperiode)
  - Stückkosten (Kosten pro Leistungseinheit)
  - Grenzkosten (Kosten pro zusätzlicher Leistungseinheit)
- Zurechenbarkeit
  - Einzelkosten (einem Kostenträger oder einer Kosten-stelle direkt zurechenbar)
  - Gemeinkosten (allen Kostenträgern oder mehreren Kos-tenstellen gemeinsam zuzuordnen und über Schlüssel zurechenbar)
- Abhängigkeit von der Beschäftigung
  - Fixe Kosten (leistungsmengenunabhängig)
  - Variable Kosten (leistungsmengenabhängig)

- Ermittlungsmethode
  - Grundkosten (aus dem Aufwand der Buchhaltung abgeleitet)
  - Kalkulatorische Kosten (Anders- und Zusatzkosten)
- Zeitbezogenheit
  - Istkosten (Kosten, die tatsächlich angefallen sind → Vergangenheitskosten)
  - Normalkosten (Kosten, die aus den Istkosten vergangener Perioden – als durchschnittliche Kosten – abgeleitet werden)
  - Plankosten (im Voraus bestimmte, bei ordnungsmäßigem Betriebsablauf methodisch errechnete Kosten → zukunftsbezogene Kosten)
- Umfangbezogenheit
  - Vollkosten (bestehen aus fixen und variablen Kostenbestandteilen)
  - Teilkosten (nur variable Kosten)
- Herkunft der Kostengüter
  - Primäre Kosten (Kosten, die dem Unternehmen aufgrund seiner Beziehungen zur Umwelt entstehen)
  - Sekundäre Kosten (geldmäßiges Äquivalent des Verbrauchs an innerbetrieblichen Leistungen)

Übersicht – Kostenbegriffe			
Abkürzung	Bezeichnung	Erklärung	Einheit
$K = K_v + K_f$	Gesamtkosten	Gesamtkosten, die sich in einer Periode aus den variablen und fixen Kosten für die Erstellung der betrieblichen Leistung ergeben.	GE/Periode
$K_v = K - K_f$	variable Kosten	Kosten, die bei wachsender Produktion steigen und bei abnehmender Produktion sinken.	GE/Periode
K_f	fixe Kosten	Kosten, die bei Änderung der Ausbringungsmenge konstant bleiben.	GE/Periode
$k = \dfrac{K}{x}$	Stückkosten (Durchschnittskosten)	Die Gesamtkosten werden ins Verhältnis zur Produktionsmenge gesetzt.	GE/Stück
$k_v = \dfrac{K_v}{x}$	variable Stückkosten	Die gesamten variablen Kosten werden ins Verhältnis zur Produktionsmenge gesetzt.	GE/Stück
$k_f = \dfrac{K_f}{x}$	fixe Stückkosten	Die gesamten fixen Kosten werden ins Verhältnis zur Produktionsmenge gesetzt.	GE/Stück
$K' = \dfrac{dK}{dx}$ $= \dfrac{(K_2 - K_1)}{(x_2 - x_1)}$	Grenzkosten	Die Grenzkosten (K') sind die zusätzlichen Kosten einer weiteren Produkteinheit. 1. Ableitung der Gesamtkostenfunktion	GE/Stück

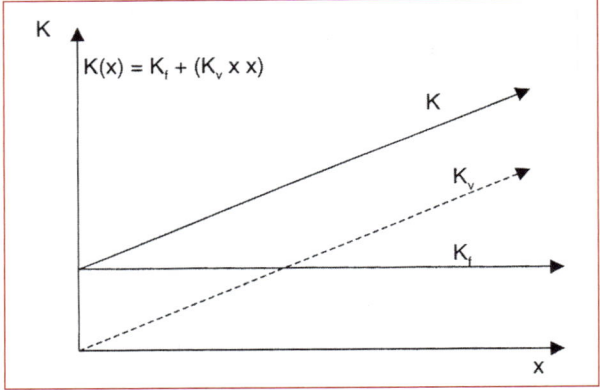

Abbildung: Gesamtkostenfunktion mit proportionalen variablen Kosten

Kosten in Abhängigkeit von der Beschäftigung

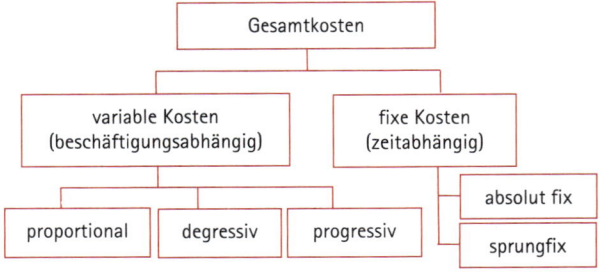

Abbildung: Kosten in Abhängigkeit von der Beschäftigung

Kostenverläufe

- Proportionaler (linearer) Verlauf: Jede (relative) Beschäftigungsänderung (in Prozent) führt zur gleichen (relativen) Änderung der Kostenhöhe.

- Degressiver Verlauf: Eine relative Beschäftigungsänderung führt zu einer geringeren relativen Kostenänderung. Die Kosten steigen langsamer als die Ausbringung; sie verhalten sich unterproportional.

- Progressiver Verlauf: Die Kosten steigen schneller als die Ausbringung; sie verhalten sich überproportional.

- Fixer Verlauf Die Gesamtkosten verändern sich nicht bei Ausbringungsschwankungen; sie bleiben konstant.

- Intervallfixer Verlauf: Innerhalb bestimmter Beschäftigungsbereiche verhalten sich diese Kosten fix. Beim Überschreiten bestimmter Beschäftigungsgrenzen steigen die Kosten sprunghaft an, um dann bis zum nächsten Beschäftigungsintervall wieder fix, aber auf höherem Niveau zu verlaufen. Sie werden auch als sprungfixe Kosten bezeichnet.

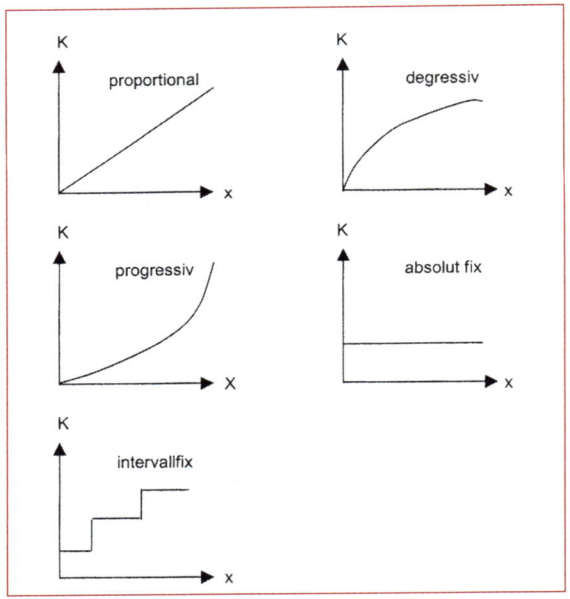

Abbildung: Kostenverläufe

Reagibilitätsgrad (R) = $\dfrac{\text{prozentuale Kostenänderung}}{\text{prozentuale Beschäftigungsänderung}}$

R = 0:   fixe Kosten
0 < R < 1: degressive Kosten
R = 1:   proportionale Kosten
R > 1:   progressive Kosten

Differenzierung der Kosten nach der Art ihrer Verrechnung

Kombination der Kostenbegriffe			
Zurechen-barkeit auf die Produkte		Gemeinkosten	
	Einzelkosten	Unechte Gemeinkosten	Echte Gemeinkosten
Veränderlichkeit bei Beschäftigungsänderungen	Variable Kosten		Fixe Kosten
Beispiele	Materialkosten Verpackungskosten Fertigungslöhne Provisionen	Kosten für in großen Mengen verwendete Hilfs- und Betriebsstoffe Energiekosten	Kosten der Produktart und Produktgruppe Kosten der Produktionsplanung und -steuerung Abschreibungen

Abbildung: Abgrenzung zentraler Kostenkategorien (in Anlehnung an Schierenbeck, S. 639, 2000)

Abgrenzung zwischen Aufwand und Kosten:

- Aufwand: Wert aller verbrauchten Güter und Dienstleistungen in einer Periode.

- Kosten: Wert aller für die Erstellung der betriebstypischen Leistungen verbrauchten Güter und Dienstleistungen pro Periode.

Aufwand				
neutraler Aufwand	Zweckaufwand			
betriebsfremd außerordentlich periodenfremd	als Kosten verrechenbarer Zweckaufwand	nicht in gleicher Höhe verrechenbarer Zweckaufwand		
	Grundkosten	Anderskosten	Zusatzkosten	
		kalkulatorische Kosten		
Kosten				

Abbildung: Abgrenzung zwischen Aufwand und Kosten

Neutrale Aufwendungen sind keine Kosten. Es wird unterschieden zwischen

– betriebsfremd: z. B. Spenden,

– außerordentlich: z. B. Katastrophenschäden, Verkauf unter Buchwert und

– periodenfremd: z. B. Gewerbesteuernachzahlung.

Beispiele für kalkulatorische Kosten

– Anderskosten: kalk. Abschreibungen, kalk. Zinsen, kalk. Wagnisse

– Zusatzkosten: kalk. Unternehmerlohn, kalk. Zinsen auf das Eigenkapital, kalk. Miete für eigene Räume

Kostenrechnungssysteme

	Vollkostenrechnung	Teilkostenrechnung
Istkostenrechnung	Kurzfristige Erfolgsermittlung	Kurzfristige Erfolgsermittlung
	Nachkalkulation	Nachkalkulation
	Bereitstellung von Zahlenmaterial für die Bestandsbewertung in der Bilanz	Bereitstellung von Zahlenmaterial für die Bestandsbewertung in der Bilanz
Normalkostenrechnung	Ermitteln von Vollkostenkalkulationssätzen	Ermitteln von Teilkostenkalkulationssätzen
	Kalkulation von Serien-, Sorten- und Massenprodukten	Kalkulation von Serien-, Sorten- und Massenprodukten
	Vorkalkulation von Kundenaufträgen	Vorkalkulation von Kundenaufträgen
Plankostenrechnung	Wirtschaftlichkeitkontrolle	Wirtschaftlichkeitskontrolle
		Kurzfristige Entscheidungsrechnung
		Break-even-Analyse

Abbildung: Kostenrechnungssysteme und ihre Verwendung (Quelle: Schmidt, A., S. 34, 2001)

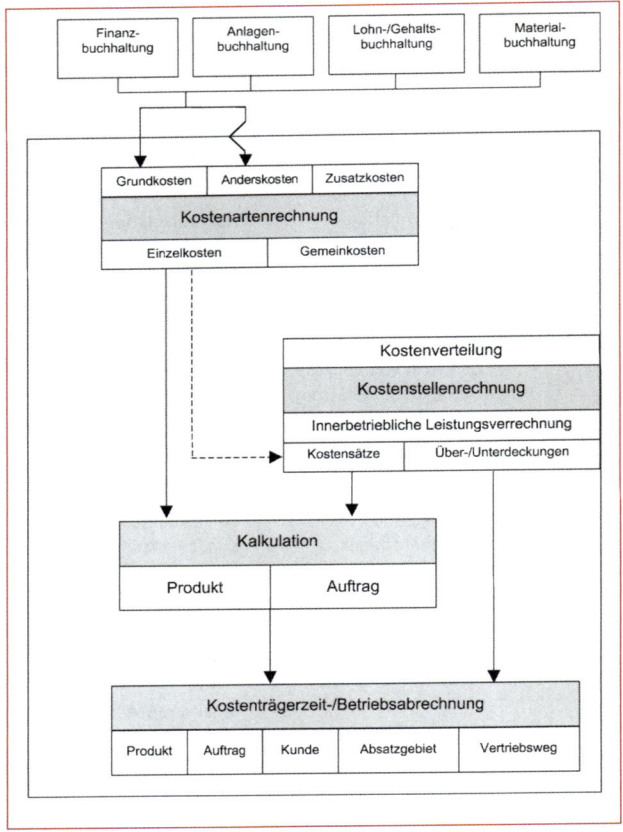

Abbildung: Das System der Kostenrechnung (Quelle: Schmidt, A., S. 40, 2001)

Kostenartenrechnung

Die Kostenartenrechnung stellt die Basis der weiteren Kostenrechnungen dar. Sie dient der systematischen und vollständigen Erfassung aller in einer Periode anfallenden Kosten.

Zuordnung der Kosten	
Nach Produktionsfaktoren	Nach Funktion
– Materialkosten	– Entwicklungskosten
– Personalkosten	– Beschaffungskosten
– Betriebsmittelkosten	– Fertigungskosten
– Fremdleistungskosten	– Vertriebskosten
– Kalkulatorische Kosten	– Verwaltungskosten

Erfassung der Materialkosten

Als Materialkosten bezeichnet man die mit den Preisen bewerteten Verbrauchsmengen an Roh-, Hilfs- und Betriebsstoffen.

Die Ermittlung der Materialkosten erfolgt in zwei Schritten:

1 Erfassung der Verbrauchsmengen
2 Bewertung der Verbrauchsmengen

Materialverbrauchsermittlung

a) Zugangsmethode

Verbrauch = Zugänge laut Lieferscheinen

b) Inventurmethode

Verbrauch = Anfangsbestand + Zugänge – Endbestand

(Die Ermittlung von Anfangs- und Endbestand erfolgt durch Inventur)

c) Skontrationsmethode (Fortschreibungsmethode)

Verbrauch = Lagerabgänge laut Materialentnahmescheinen

d) Retrograde Methode (Rückrechnungsmethode)

Verbrauch = erstellte Produkte × Sollverbrauchsmenge/Stück

(Rückrechnung erfolgt i. d. R. über Stückliste)

Bewertung der Verbrauchsmengen

Gewogene Durchschnittsmethode

1. Ermittlung des gewogenen Durchschnittspreises

$$\frac{AB\ (St) \times EP + Zugänge\ (St) \times jew.\ EP}{AB\ (St) + Zugänge\ (St)} = durchschn.\ EP$$

AB = Anfangsbestand
EP = Einstandspreis
St = Stück

(Einstandspreis des Anfangsbestands = durchschnittlicher Einstandspreis der Vorperiode)

2. Ermittlung des Verbrauchswerts

Verbrauchswert = Abgänge (St) × durchschn. Einstandspreis

Gleitende Durchschnittsmethode

1. AB (St) $\times$ EP + Zugang$_1$ (St) $\times$ jew. EP = Gesamtwert$_1$

2. $\dfrac{\text{Gesamtwert}_1}{\text{AB (St) + Zugang}_1 \text{ (St)}} = DP_1$

DP = Durchschnittspreis pro Stück

3. Weiterer Zugang:

Gesamtwert$_1$ + (Zugang$_2$ (St) $\times$ EP$_2$) = Gesamtwert$_2$

4. $\dfrac{\text{Gesamtwert}_2}{\text{Bestand}_2 \text{ (St)}} = DP_2$

5. Bei zwischenzeitlichem Abgang:

Gesamtwert$_2$ – (Abgang$_3$ (St) $\times$ DP$_2$) = Gesamtwert$_3$

usw.

Nach jedem Zugang wird ein neuer Durchschnittspreis gebildet, der so lange gültig ist, bis ein neuer Zugang erfolgt und darauf der Durchschnittspreis erneut aktualisiert wird.

Verbrauchsfolgeverfahren

– Fifo-Verfahren (first in, first out)
– Lifo-Verfahren (last in, first out)
– Hifo-Verfahren (highest in, first out)
– Lofo-Verfahren (lowest in, first out)

Festpreisverfahren

Über einen längeren Zeitraum hinweg wird ein konstanter Verrechnungswert für die jeweilige Materialart gewählt, der künftige Preiserwartungen berücksichtigt. Voraussetzung für die Kostenkontrolle z. B. im Rahmen der Plankostenrechnung sind Festpreise.

Erfassung kalkulatorischer Kosten

Kalkulatorische Abschreibung

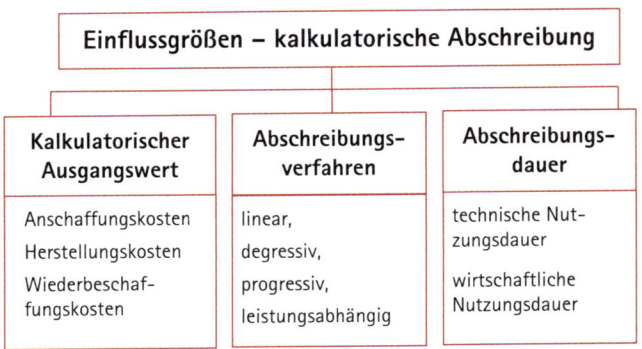

Abbildung: Einflussgrößen der kalkulatorischen Abschreibung

Lineare Abschreibung

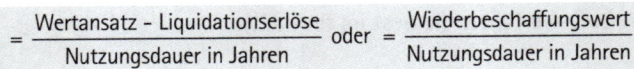

Bei der linearen Abschreibung werden die Anschaffungs- oder Herstellungskosten gleichmäßig über die Nutzungsdauer als Aufwand verteilt (Abschreibung in gleichen Jahresbeträgen).

Geometrisch degressive Abschreibung

$$= \frac{\text{AK in } t_0 \text{ oder RW in } t_x \times \text{Abschreibungsprozentsatz}}{100}$$

AK = Anschaffungskosten
RW = Restwert (Liquidationserlös)

Die geometrisch degressive Abschreibung fällt mit von Jahr zu Jahr kleiner werdenden Raten.

Steuerrechtlich ist dieses Verfahren für bewegliche Wirtschaftsgüter des Anlagevermögens anwendbar, wenn die zwei folgenden Bedingungen erfüllt sind (§ 7 Abs. 2 EStG):

1 Der Abschreibungsprozentsatz darf höchstens das Zweifache des bei linearer Abschreibung in Betracht kommenden Satzes (laut AfA-Tabelle) betragen.

2 Unabhängig von der ersten Bedingung darf der Abschreibungsprozentsatz nicht mehr als 20 % betragen.

Leistungsabhängige Abschreibung

1. Abschreibungsbetrag/Leistungseinheit

$$= \frac{\text{AK} - \text{RW}}{\sum \text{Leistungseinheiten}}$$

2. Abschreibung im Jahr

$$= \text{Leistungseinheiten/Jahr} \times \text{Abschreibungsbetrag/LE}$$

Die leistungsabhängige Abschreibung ermittelt den Werte-
verzehr in Abhängigkeit vom tatsächlichen Ge-/Verbrauch.

Kalkulatorische Zinsen

Kalkulatorische Zinsen
= betriebsnotwendiges Kapital × Kalkulationszinssatz

Für die Berechnung der kalkulatorischen Zinsen benötigt man
das betriebsnotwendige Kapital.

Berechnung des betriebsnotwendigen Kapitals	
Position	Wertansätze für Berechnung der kalkulatorischen Zinsen
Betriebsnotwendiges Anlagevermögen	
a) nicht abnutzbar	kalk. Ausgangswert
b) abnutzbar	½ kalk. Ausgangswert
+ **Betriebsnotwendiges Umlaufvermögen** ▪ Vorräte ▪ Forderungen ▪ Zahlungsmittel	durchschnittlicher Buchwert $$= \frac{AB + EB}{2} \text{ oder}$$
− **Abzugskapital** ▪ Kundenanzahlungen ▪ Lieferantenverbindlichkeiten (zinslos)	$$= \frac{AB + 12\,\text{Monats-endbestände}}{13}$$
= **Betriebsnotwendiges Kapital**	

Anzuwendender Zinssatz:

= durchschnittlicher langfristiger Zins für risikofreie Anlagen

Das abnutzbare Anlagevermögen wird in der Praxis nach der Durchschnittsmethode behandelt.

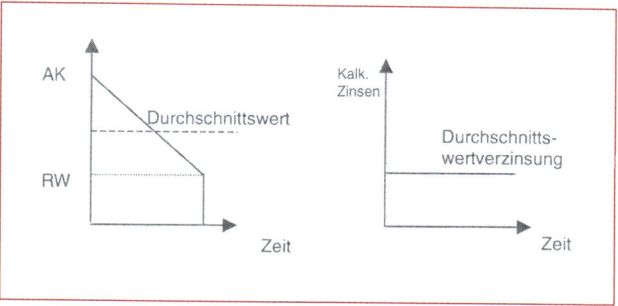

Abbildung: Durchschnittswertverzinsung

Kalkulatorische Wagnisse

Kalkulatorische Wagniskosten

$$= \frac{\text{Bezugsbasis lfd. Jahr} \times \text{kalk. Wagnissatz in \%}}{100}$$

Ermittlung kalkulatorischer Wagnissätze:

$$= \frac{\text{Ausfall in Geldeinheiten in einer Periode}}{\text{Bezugsbasis in einer Periode}} \times 100$$

beispielsweise Fertigungswagnis:

$$= \frac{\text{Summe der Verluste}}{\text{Summe der Herstellkosten}} \times 100$$

In der Praxis:
Bildung von Durchschnittswerten über mehrere Perioden, damit eine verlässliche Kalkulationsbasis zur Verfügung steht.

Die mit der unternehmerischen Tätigkeit verbundenen Risiken werden als Wagnisse bezeichnet. Die wesentlichen Einzelwagnisse sind:

Wagnisarten	Beispiele	Bezugsgröße
Beständewagnis	Schwund, Überalterung der Vorräte (Ladenhüter), Verderb	Wert des durchschnittlichen Lagerbestands
Fertigungswagnis	Ausschuss, Nacharbeit, Material-, Konstruktionsfehler	Herstellkosten der Erzeugnisse
Anlagenwagnis	Fehlinvestition, Maschinenbruch, vorzeitiges Nutzungsende der Anlage	Wert des Anlagevermögens (Anschaffungs- oder Wiederbeschaffungswert)
Vertriebswagnis	Nichtabnahme bestellter Ware, Forderungsausfälle, Währungsverluste	Forderungsbestand oder Umsatz
Gewährleistungswagnis	Garantie-, Kulanzverpflichtungen, Vertragsstrafen, Preisnachlässe	Umsatz oder Herstellungskosten der verkauften Produkte
Entwicklungswagnis	fehlgeschlagene Entwicklungsprojekte	Entwicklungskosten der Periode

Kostenstellenrechnung

In der Kostenstellenrechnung werden die Kosten auf die Betriebsbereiche/Abteilungen (Kostenstellen) verteilt, in denen sie angefallen sind. Die Verteilung wird mithilfe des Betriebsabrechnungsbogens (BAB) vorgenommen und verfolgt einen doppelten Zweck: Einmal muss man für die Kostenkontrolle und -beeinflussung wissen, wo die Kosten entstanden sind, und zum anderen ist eine genaue Stückkostenberechnung nur möglich, wenn die betrieblichen Leistungen mit den Kosten derjenigen Stellen belastet werden, die diese Leistungen erbringen.

Struktur von Kostenstellen

Eine Kostenstelle ist eine organisatorische Einheit innerhalb der Kostenrechnung, die einen eindeutig abgegrenzten Ort der Kostenentstehung darstellt. Für die Bildung einer Kostenstelle gilt: „So grob wie möglich und so fein wie nötig".

Kriterien zur Bildung von Kostenstellen:

— Verantwortungsbereich (z. B. Herr Meier, Leiter Konstruktion)
— Rechenbereich (z. B. Energiekosten, Gebäudekosten)
— Funktionsbereich (Vertrieb, Materiallager, Fertigung I, ...)
— Räumliche Gliederung (z. B. Energiekosten Produktionsstandort Portugal, Spanien, ...)

Einteilung der Kostenstellen

Hilfskostenstellen

Die gesammelten Kosten werden auf weitere Kostenstellen umgelegt. Es kann unterschieden werden nach:

- Allgemeine Hilfskostenstellen (z. B. Kantine, Werksarzt, Energie-, Wasserversorgung):

  Umlage an alle weiteren Kostenstellen.

- Spezielle Hilfskostenstellen (z. B. Arbeitsvorbereitung, Fuhrpark):

  Umlage erfolgt nur an einige Kostenstellen.

Hauptkostenstellen

Die auf den Hauptkostenstellen (z. B. Materialbereich, Fertigung, Montage, Verwaltung, Vertrieb) gesammelten Kosten werden direkt auf die Kostenträger verrechnet.

Abbildung: Einteilung der Kostenstellen

Betriebsabrechnungsbogen (BAB)

Mithilfe des Betriebsabrechnungsbogens werden die primären Gemeinkosten verursachungsgerecht auf die Kostenstellen verteilt. Die Umlage der Kosten der allgemeinen auf die nachfolgenden Kostenstellen (je nach Inanspruchnahme) erfolgt mit der innerbetrieblichen Leistungsverrechnung. Außerdem werden die Zuschlagssätze (Gemeinkostenzuschläge für Hauptkostenstellen) ermittelt.

Vorgehensweise:

1 Aufschlüsseln der Kosten nach Einzel- und Gemeinkosten.

2 Verteilen (Eintragen) der Gemeinkosten auf die Hilfs- und Hauptkostenstellen, → Summen ermitteln.

3 Innerbetriebliche Leistungsverrechnung durchführen, Hilfskostenstellen auf Hauptkostenstellen umlegen.

4 Sind die Hilfskostenstellen leer: → Gemeinkostenzuschläge für Hauptkostenstellen ermitteln.

5 Ermittlung der Kostenstellenabweichungen (Kostenkontrolle in der Normalkostenrechnung).

Beim BAB muss darauf geachtet werden, für welchen Zeitraum (Monat, Quartal, Jahr) der BAB erstellt wird. Die Kosten sind für diesen Zeitraum entsprechend umzurechnen.

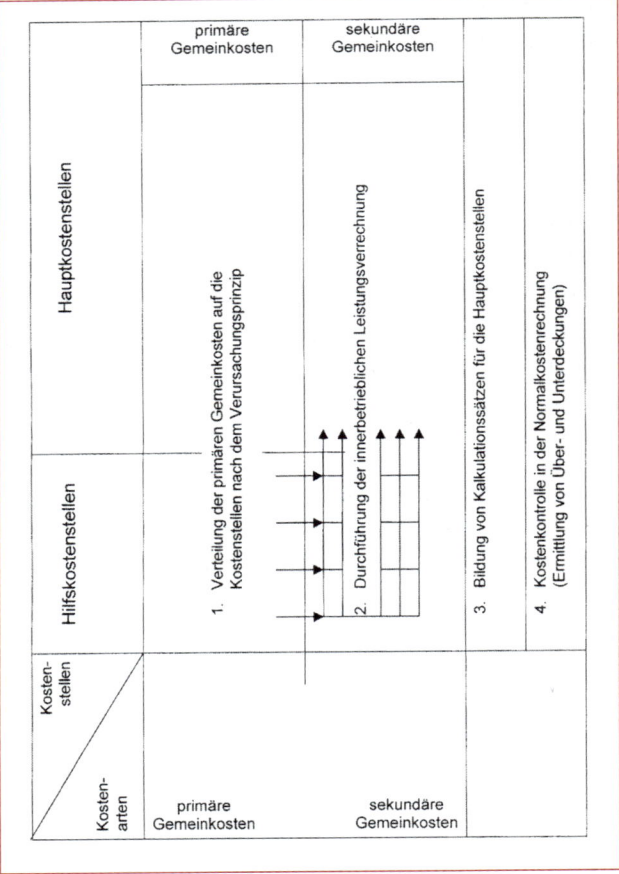

Abbildung: Formaler Aufbau eines BAB (Quelle: Haberstock, S. 117, Berlin, 1998)

Innerbetriebliche Leistungsverrechnung

Vorgehensweise nach dem Stufenleiterverfahren

1 Hilfskostenstellen nach Wertsumme der empfangenen Leistungen sortieren. Diejenige, die am wenigsten von den anderen bekommt, kommt an den Anfang. Dieser erste Schritt ist nur dann durchzuführen, wenn die Reihenfolge nicht bereits durch den BAB vorgegeben ist.

2 Verteilen der Gemeinkosten der ersten Hilfskostenstelle nach folgendem Verteilungsschlüssel:

$$\frac{GK_{HK1}}{n_{LE}} \times LE_{KS}$$

GK_{HK1} = Gesamtgemeinkosten erste Hilfskostenstelle

n_{LE} = Anzahl der insgesamt abgegebenen Leistungseinheiten

LE_{KS} = an bestimmte Kostenstelle abgegebene Leistungseinheiten

3 Erste Hilfskostenstelle muss jetzt „leer" sein.

4 Zweite Hilfskostenstelle: Zunächst werden die von der ersten Hilfskostenstelle zugeführten sekundären Gemeinkosten zu den primären Gemeinkosten der zweiten Kostenstelle addiert.

5 Falls die zweite Hilfskostenstelle Leistungen an die erste Hilfskostenstelle abgibt, werden diese Leistungseinheiten nicht mehr berücksichtigt. Somit gilt:

Kosten einer Leistungseinheit der zweiten Hilfskostenstelle

$$= \frac{GK_{HK2} + GK_{HK1}}{n_{LE} - LE_{HK1}}$$

GK_{HK2} = Gemeinkosten der zweiten Hilfskostenstelle
GK_{HK1} = Gemeinkostenanteil der ersten Hilfskostenstelle
n_{LE} = Anzahl der insgesamt abgegebenen Leistungs-
        einheiten
LE_{HK1} = an erste Hilfskostenstelle abgegebene Leis-
        tungseinheiten

6 Die Gemeinkosten der zweiten Hilfskostenstelle sind entsprechend der Inanspruchnahme der nachgeordneten Hilfs-
und Hauptkostenstellen zu verteilen.

7 Die zweite Hilfskostenstelle muss jetzt „leer" sein.

8 Bei allen weiteren Hilfskostenstellen ist mit Schritt Nr. 4
fortzufahren.

Vorgehensweise nach dem Gleichungsverfahren

1 Gleichungen aufstellen.

2 Gleichungen nach primären Kosten umstellen und unterei-
nander schreiben.

3 Eine der Gleichungen so erweitern, dass in beiden Gleichungen eine Leistungsart vorzeichenverkehrte, sonst aber
identische Werte annimmt.

4 Beide Gleichungen addieren, somit entfällt diese Leistungsart aus der neuen Gleichung.

5 Neue Gleichung auflösen, Ergebnis einsetzen.

Ermittlung von Zuschlagssätzen

Materialgemeinkostenzuschlag

$$= \frac{\text{Materialgemeinkosten}}{\text{Materialeinzelkosten}} \times 100$$

Fertigungsgemeinkostenzuschlag

$$= \frac{\text{Fertigungsgemeinkosten}}{\text{Fertigungseinzelkosten}} \times 100$$

Sondereinzelkosten werden bei der Berechnung der Zuschläge nicht berücksichtigt.

Verwaltungsgemeinkostenzuschlag

$$= \frac{\text{Verwaltungsgemeinkosten}}{\text{Herstellkosten}} \times 100$$

Vertriebsgemeinkostenzuschlag

$$= \frac{\text{Vertriebsgemeinkosten}}{\text{Herstellkosten}} \times 100$$

Die Summe der Material- und der Fertigungskosten bilden die Herstellkosten.

Kostenträgerrechnung

Kostenträger sind die betrieblichen Leistungen, die die verursachten Kosten „tragen" müssen. Die Kostenträgerrechnung wird unterteilt in die Kostenträgerstückrechnung und die Kostenträgerzeitrechnung.

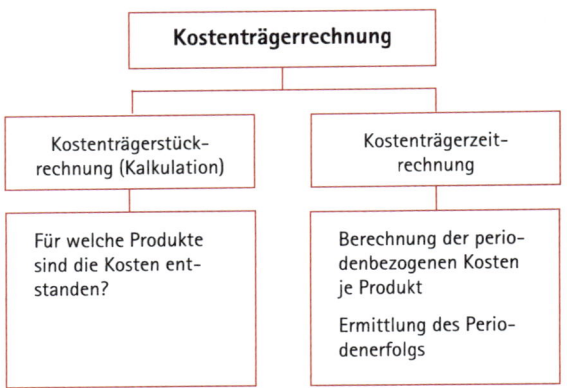

Abbildung: Unterteilung der Kostenträgerrechnung

Divisionskalkulation

Einstufige Divisionskalkulation:

Selbstkosten je Stück (k)

$$= \frac{\text{Gesamtkosten (K)}}{\text{produzierte und abgesetzte Menge (x)}}$$

Zweistufige Divisionskalkulation:

Selbstkosten je Stück (k)

$$= \frac{\text{Herstellkosten } (K_H)}{\text{produzierte Menge } (x_p)} + \frac{\text{Verw.- u. Vertr.kosten } (K_W)}{\text{abgesetzte Menge } (x_A)}$$

Mehrstufige Divisionskalkulation:

$$\text{Selbstkosten je Stück} = \frac{\text{Herstellkosten 1}}{\text{prod. Menge 1}} + \frac{\text{Herstellkosten 2}}{\text{prod. Menge 2}}$$

$$+ \dots + \frac{\text{Herstellkosten n}}{\text{prod. Menge n}} + \frac{\text{Verw.- und Vertr.kosten}}{\text{abgesetzte Menge}}$$

Zur Bewertung unfertiger Erzeugnisse sind die Herstellkosten der einzelnen Produktionsstufen zu addieren.

Voraussetzungen für die Anwendung:

– Einproduktunternehmen,

– keine Lagerbestandsveränderungen.

Äquivalenzziffernkalkulation

Rechenschritte:

1 Ermittlung der Verrechnungseinheiten:
   = Menge je Sorte × Äquivalenzziffer

2 Verrechnungseinheiten der verschiedenen Sorten aufsummieren

3 Kosten einer Verrechnungseinheit:

$$= \frac{\text{Gesamtkosten}}{\text{Summe aller Verrechnungseinheiten}}$$

4 Stückkosten/Sorte:
   = Stückkosten der Verrechnungseinheit × Äquivalenzziffer der Sorte

Differenzierende Zuschlagskalkulation

	Bezeichnung	
(1)	Materialeinzelkosten	
(2)	Materialgemeinkosten	in % bezogen auf (1)
(3)	Materialkosten	= (1) + (2)
(4)	Fertigungseinzelkosten	
(5)	Fertigungsgemeinkosten	in % bezogen auf (4)
(6)	Sondereinzelkosten d. Fertigung	
(7)	Fertigungskosten	= (4) + (5) + (6)
(8)	**Herstellkosten**	= (3) + (7)
(9)	Verwaltungsgemeinkosten	in % bezogen auf (8)
(10)	Vertriebsgemeinkosten	in % bezogen auf (8)
(11)	Sondereinzelkosten d. Vertriebs	
(12)	**Selbstkosten**	= (8) + (9) + (10) + (11)
Angebotskalkulation ausgehend von Selbstkosten		
(13)	Gewinnaufschlag	in % bezogen auf (12)
(14)	Barverkaufspreis	= (12) + (13)
(15)	Kundenskonto	in % bezogen auf (16)
(16)	Zielverkaufspreis	= (14) + (15)
(17)	Kundenrabatt	in % bezogen auf (18)
(18)	**Verkaufspreis netto**	= (16) + (17)
(19)	gesetzliche Mehrwertsteuer	in % bezogen auf (18)
(20)	**Angebotspreis brutto**	= (18) + (19)

Beachte: Rabatte und Skonti werden in der Angebotskalkulation nicht als Aufschläge, sondern als Abzugsgrößen berechnet.

Maschinenstundensatzrechnung

Die Maschinen werden wie Fertigungskostenstellen behandelt.

1 Aufteilen der Fertigungsgemeinkosten in maschinenabhängige Fertigungsgemeinkosten und maschinenunabhängige Fertigungsgemeinkosten (Restfertigungsgemeinkosten):

a) Maschinenabhängige Fertigungsgemeinkosten (FKG):
   z. B. Abschreibung, Zinsen, Instandhaltungs-, Raum-, Energiekosten etc. der jeweiligen Maschine

Kostenart	Berechnung
Kalk. Abschreibungen	$= \dfrac{\text{Wiederbeschaffungswert} - \text{Restwert}}{\text{Nutzungsdauer} \times \text{Laufzeit pro Periode}}$
Kalk. Zinsen	$= \dfrac{\varnothing \text{ geb. Kapital} \times \text{Zinssatz}}{\text{Maschinenlaufzeit pro Periode}}$
Instandhaltungskosten	$= \dfrac{\text{gesamte Inst.-kosten pro Periode}}{\text{Maschinenlaufzeit pro Periode}}$
Raumkosten	$= \dfrac{\text{Raumbedarf} \times \text{m}^2\text{-Satz}}{\text{Maschinenlaufzeit pro Periode}}$
Energiekosten	$=$ KW-Anschluss x Leistungsgrad x Strompreis
Weitere Kostenarten: Versicherungsprämien, Werkzeug- und Vorrichtungskosten, Schmier- und Kühlmittelkosten, Maschinenreinigung	
$\text{WBW} = \text{Anschaffungspreis} \times \dfrac{\text{Index zum Bewertungszeitpunkt}}{\text{Index des Baujahrs}}$	

b) Gesamtgemeinkosten der jeweiligen Maschine

   – <u>maschinenabhängige FGK der jeweiligen Maschine</u>

   = Restfertigungsgemeinkosten

2 Ermittlung des Maschinenstundensatzes:

Maschinenstundensatz

$$= \frac{\text{maschinenabh. Fertigungsgemeinkosten pro Periode}}{\text{Sollmaschinenlaufzeit der Maschine pro Periode}}$$

3 Ermittlung des Restfertigungsgemeinkostenzuschlags:

Restfertigungsgemeinkostenzuschlag einer Maschine

$$= \frac{\text{Restfertigungsgemeinkosten der jeweiligen Maschine}}{\text{Fertigungseinzelkosten der jeweiligen Maschine (FEK)}}$$

Auftragskalkulationsschema mit Maschinen-stundensätzen	
	Materialeinzelkosten (MEK)
+	Materialgemeinkosten (MGK)
+	Fertigungseinzelkosten (FEK) Maschine 1
+	maschinenabhängige Fertigungsgemeinkosten Maschine 1
+	Restfertigungsgemeinkosten Maschine 1 (in % der FEK)
+	(analog: Maschine 2, 3, 4 etc.)
+	Sondereinzelkosten der Fertigung
=	**Herstellkosten**
+	Verwaltungsgemeinkosten
+	Vertriebsgemeinkosten
+	Sondereinzelkosten des Vertriebs
=	**Selbstkosten**

Kuppelproduktion

Restwertmethode

Stückkosten des Hauptprodukts

$$= \frac{\text{Gesamtkosten - Erlöse der Nebenprodukte}}{\text{produzierte Menge des Hauptprodukts}}$$

Das Verfahren ist geeignet, wenn die Kuppelprodukte in ein Haupt- und ein bzw. mehrere Nebenprodukte unterteilt werden können.

Kurzfristige Erfolgsrechnung

Vergleich Gesamt-/Umsatzkosten-verfahren

Gesamtkostenverfahren

	Umsatzerlöse
+/–	Bestandsveränderungen
+	andere aktivierte Eigenleistungen
=	Gesamtleistung
–	gesamte Kosten
=	Betriebsergebnis

Umsatzkostenverfahren

	Umsatzerlöse
–	Umsatzkosten
=	Betriebsergebnis

Deckungsbeitragsrechung

Gesamtdeckungsbeitrag = Umsatz – variable Gesamtkosten

Stückdeckungsbeitrag = Stückpreis – variable Stückkosten

Schema der Deckungsbeitragsrechnung:

  Umsatzerlöse
– variable Gesamtkosten
= Gesamtdeckungsbeitrag
– fixe Kosten
= Betriebsergebnis

Einstufige Deckungsbeitragsrechnung

Deckungsbeitrag = Stückdeckungsbeitrag × Absatzmenge

Betriebserfolg = Deckungsbeitrag – Gesamtfixkosten

Deckungsbeitragsrechnung bei Absatzengpässen

1 Stückdeckungsbeiträge der einzelnen Produkte ermitteln.

2 Das Produkt mit dem höchsten absoluten Stückdeckungsbeitrag wird mit oberster Priorität produziert etc.

Mehrstufige Deckungsbeitragsrechnung

	Umsatzerlöse
−	variable Produktkosten
=	Deckungsbeitrag I
−	Produktfixkosten
=	Deckungsbeitrag II
−	Produktgruppenfixkosten
=	Deckungsbeitrag III
−	Produktbereichsfixkosten
=	Deckungsbeitrag IV
−	Unternehmensfixkosten
=	Betriebsergebnis

Deckungsbeitragsrechnung bei Absatzengpässen und Fertigungsengpässen

Vorgehensweise:

1 Ermittlung der Stückdeckungsbeiträge für jedes Produkt.

2 Ermittlung der relativen Stückdeckungsbeiträge:

Relativer Stückdeckungsbeitrag

$$= \frac{\text{absoluter Stückdeckungsbeitrag}}{\text{Engpassbeanspruchung}}$$

In der Reihenfolge abnehmender relativer Stückdeckungsbeiträge wird eine Prioritätenliste der Produkte erstellt.

3 Die frei verfügbare Kapazität wird nach der Priorität unter Berücksichtigung der Absatzhöchstmengen auf die Produkte verteilt.

4   Berechnung des Betriebserfolgs:

Erfolg = (produzierte Menge × jeweilige absolute Deckungsbeiträge) – fixe Kosten

Anzahl Produkt 1 × absoluter Deckungsbeitrag 1

+   Anzahl Produkt 2 × absoluter Deckungsbeitrag 2

+   etc.

–   Fixkosten

= Betriebserfolg

Je geringer die Beanspruchung, desto höher der relative Deckungsbeitrag. Mithilfe des relativen Deckungsbeitrags wird
die Reihenfolge festgelegt.

Für die Erfolgsrechnung werden aber die absoluten Deckungsbeiträge benötigt.

Make-or-buy-Entscheidung

Der Fremdbezug ist der Eigenfertigung vorzuziehen, wenn
gilt:

Kosten des Fremdbezugs < Kosten der Eigenfertigung

Für kurzfristige Entscheidungen ohne Engpass sind nur die
variablen Kosten, bei langfristigen Entscheidungen die Gesamtkosten zu betrachten.

Bei Endprodukten:

Deckungsbeitrag Fremdbezug
= Verkaufspreis – Einkaufspreis

Deckungsbeitrag Eigenfertigung
= Verkaufspreis – variable Stückkosten

Entscheidung über Fremdbezug oder Eigenfertigung eines Halbfabrikats bei Maschinenengpässen:

Fremdbezugspreis – variable Kosten Eigenfertigung
= „Opportunitätsdeckungsbeitrag"

Dieser „Opportunitätsdeckungsbeitrag" wird in einer relativen Deckungsbeitragsrechnung den restlichen Produkten des Unternehmens gegenübergestellt.

Bei einer Gesamterfolgsrechnung ist zu berücksichtigen, dass Fixkosten sich durch Fremdbezug in der kurzfristigen Betrachtung nicht verringern! Denn die einmal aufgebauten Kapazitäten sind da und kosten Geld.

Plankostenrechnung

Starre Plankostenrechnung

Plankostenverrechnungssatz (Plan-Kalkulationssatz):

$$\text{PlanKalkSatz} = \frac{\text{gesamte Plankosten}}{\text{Planbeschäftigung}}$$

Planbeschäftigung ist i. d. R. Vollbeschäftigung, d. h. Kapazitätsauslastung.

Verrechnete Plankosten = PlanKalkSatz × Istbeschäftigung

Gesamtabweichung = Istkosten – verrechnete Plankosten

Flexible Plankostenrechnung

$$\text{PlanKalkSatz} = \frac{\text{gesamte Plankosten}}{\text{Planbeschäftigung}}$$

Verrechnete Plankosten = PlanKalkSatz × Istbeschäftigung

$$\text{Variabler PlanKalkSatz} = \frac{\text{gesamte variable Plankosten}}{\text{Planbeschäftigung}}$$

Abweichungsanalyse

Gesamtkostenabweichung:

Gesamtabweichung = Istkosten − verrechnete Plankosten

Abweichungsanalyse, wenn keine Preisänderungen gegeben sind:

Verbrauchsabweichung = Istkosten − Sollkosten

Beschäftigungsabweichung
= Sollkosten − verrechnete Plankosten

Abweichungsanalyse bei Preisänderungen:

Preisabweichung
= Istkosten (zu Istpreisen) − Istkosten (zu Planpreisen)

Verbrauchsabweichung
= Istkosten (zu Planpreisen) − Sollkosten

Beschäftigungsabweichung
= Sollkosten − verrechnete Plankosten

Bewertung/Jahres-abschlussanalyse

Bewertung

Es gilt der Grundsatz der Einzelbewertung, d. h. grundsätzlich sind alle Vermögensgegenstände und Schulden einzeln zu bewerten. In Ausnahmefällen, aus Gründen der Wirtschaftlichkeit, sind auch Gruppenbewertung, Festbewertung (§ 240 Abs. 3 u. 4 HGB) oder die Bewertung nach unterstellten Verbrauchs- oder Veräußerungsfolgen (§ 256 HGB) möglich.

Eine wichtige Rolle im Rahmen der Bewertung ist dem Vorsichtsprinzip beizumessen. Es wird durch das Realisations- und das Imparitätsprinzip konkretisiert.

Anschaffungskosten

Die Anschaffungskosten setzen sich wie folgt zusammen:

	Anschaffungspreis
+	Anschaffungsnebenkosten
+	nachträgliche Anschaffungskosten
–	Anschaffungspreisminderungen
=	Anschaffungskosten (AK)

Herstellungskosten

Die Herstellungskosten nach HGB umfassen mindestens die Einzelkosten, die Gemeinkosten dürfen mit einbezogen werden. Den Unterschied zwischen handels- und steuerrechtlichen Herstellungskosten zeigt die folgende Abbildung:

Herstellungskosten (HK)					
Handelsrechtliche			**Steuerrechtliche**		
Pflicht		Materialeinzel-kosten	Pflicht		Materialeinzel-kosten
	+	Fertigungseinzel-kosten		+	Fertigungseinzel-kosten
	+	SEK der Fertigung		+	SEK der Fertigung
	=	**Wertuntergrenze**		+	Materialgemein-kosten
Wahlrecht	+	Materialgemein-kosten		+	Fertigungsgemein-kosten
	+	Fertigungsgemein-kosten		+	Werteverzehr des Anlagevermögens
	+	Werteverzehr des AV		=	**Wertuntergrenze**
	+	Verwaltungsge-meinkosten	Wahlrecht	+	Verwaltungsge-meinkosten
	=	**Wertobergrenze**		=	**Wertobergrenze**

Merke: Vertriebskosten dürfen nicht aktiviert werden.

Fortgeführte Anschaffungs- und Herstellungskosten

Die fortgeführten AK/HK ergeben sich als Wertansatz für alle abnutzbaren Anlagegüter unter Berücksichtigung der Abschreibungen:

Anschaffungskosten/Herstellungskosten
– planmäßige Abschreibungen
= fortgeführte Anschaffungs-/Herstellungskosten

Beizulegender Wert

Im Rahmen der verlustfreien Bewertung, einer retrograden Bewertungsmethode, geht man von folgendem Schema aus:

Vorsichtig geschätzter Verkauferlös
– Erlösschmälerungen (Rabatte, Skonti, Boni)
– noch anfallende Herstellungskosten
– noch anfallende Vertriebskosten (z. B. Verpackung, Ausgangsfrachten, Provisionen)
– noch anfallende Verwaltungskosten (Einzelkosten der allg. Verwaltung)
– noch anfallende Kapitaldienstkosten
= aktueller beizulegender Wert

Zur Bewertung der Erzeugnisse eines Unternehmens (unfertige und fertige Erzeugnisse) und der zugekauften Waren, die zum späteren Verkauf bestimmt sind, kann die so genannte verlustfreie oder retrograde Bewertung angewendet werden.

Strukturbilanz

Strukturbilanz	
Langfristige Vermö- **gensgegenstände**	**Eigenkapital**
Immaterielles Anlage- vermögen	Gezeichnetes Kapital – ausstehende Einlagen
Sachanlagevermögen	Kapitalrücklage
Finanzanlagevermögen	Gewinnrücklage – Rücklage für eigene Anteile
Sachanlagevermögen	Gesellschafterdarlehen
Forderungen mit Rest- laufzeit > 1 Jahr	50 % der Sonderposten mit Rück- lageanteil
	Sonstige Hinzurechnungen + passivische latente Steuern + Aufwandsrückstellungen

	Sonstige Kürzungen
	– Aufwendungen für Ingangset-
	  zung und Erweiterung des Ge-
	  schäftsbetriebs
	– aktivierter Firmenwert
	– Disagio
	– aktivische latente Steuern
	– nicht ausgewiesene Rückstel-
	  lungen

	Berücksichtigung der Gewinn- **verwendung** +/- Jahresüberschuss/Jahresfehl- betrag +/- Gewinnvortrag/Verlustvortrag - auszuschüttender Betrag

Kurzfristiges Vermögen	Langfristiges Fremdkapital
Vorräte	Pensionsrückstellungen inkl. nicht ausgewiesene Pensionsrückstellungen
Forderungen < 1 Jahr	Verbindlichkeiten ≥ 4 Jahre
Wertpapiere des UV (evtl. – eigene Anteile)	**Mittelfristige Verbindlichkeiten**
Liquide Mittel	50 % der Sonderposten mit Rücklageanteil
Aktive RAP (ohne latente Steuern u. Disagio)	Verbindlichkeiten, ≥ 1 Restlaufzeit < 4 Jahre
	Kurzfristige Verbindlichkeiten
	Steuern und sonstige Rückstellungen - Aufwandsrückstellungen - passivische latente Steuern
	Verbindlichkeiten, Restlaufzeit < 1 Jahr einschließlich erhaltene Anzahlungen
	Passiver RAP
	Dividendenausschüttung

Erstellung einer Strukturbilanz

Die Bilanz sowie die Gewinn- und Verlustrechnung entsprechen in der Form, in der sie erstellt und veröffentlicht werden, nicht von vornherein den Erfordernissen einer eingehenden Jahresabschlussanalyse. Sie müssen für die Kennzahlenanalyse entsprechend aufbereitet werden.

Die Strukturbilanz als Ergebnis der Aufbereitungsmaßnahmen ist die Voraussetzung für eine präzisere Analyse und führt zu exakteren Kennzahlenwerten.

Kennzahlen zur Vermögensstruktur

$$\text{Vermögenskonstitution} = \frac{\text{Anlagevermögen}}{\text{Umlaufvermögen}} \times 100$$

$$\text{Anlagenintensität} = \frac{\text{Anlagevermögen}}{\text{Gesamtvermögen}} \times 100$$

Die Anlagenintensität gibt über den Grad der Beweglichkeit eines Unternehmens Auskunft.

$$\text{Umlaufintensität} = \frac{\text{Umlaufvermögen}}{\text{Gesamtvermögen}} \times 100$$

Eine ausgeprägte Umlaufintensität könnte auf einen hohen Lagerbestand oder einen hohen Forderungsbestand hinweisen.

Umschlagsdauer des Vorratsvermögens

$$= \frac{\text{durchschnittliche Vorräte}}{\text{Umsatz}} \times 365$$

Investitionsquote des Sachanlagevermögens

$$= \frac{\text{Nettoinvestitionen bei Sachanlagen}}{\text{Sachanlagevermögen zu AK/HK am Jahresanfang}} \times 100$$

Die Investitionsquote gibt Auskunft über die Investitionsneigung und die Zukunftsvorsorge des Unternehmens.

Investitionsdeckung

$$= \frac{\text{Abschreibung auf Sachanlagen}}{\text{Sachanlagenzugänge - Sachanlagenabgänge}} \times 100$$

– Investitionsdeckung < 1 → echter Anlagenzugang
– Investitionsdeckung > 1 → Ersatz-/Desinvestition

Die Investitionsdeckung zeigt, in welchem Umfang die Investitionen aus Abschreibungen finanziert werden konnten.

$$\text{Innenfinanzierungsgrad Investitionen} = \frac{\text{Cashflow}}{\text{Neuinvestitionen}}$$

Diese Kennzahl dient als Maßstab für die Investitionskraft des Unternehmens. Dabei wird als Investitionskraft das Ausmaß verstanden, in dem ein Unternehmen Investitionen durchführen kann, ohne den Geld- oder Kapitalmarkt in Anspruch nehmen zu müssen.

Abschreibungsquote des Sachanlagevermögens

$$= \frac{\text{Jahresabschreibungen auf Sachanlagen}}{\text{Sachanlagevermögen zu AK/HK am Jahresende}} \times 100$$

Mit steigender Abschreibungsquote werden stille Reserven zu Lasten des Gewinns gebildet.

Anlagenabnutzungsgrad

$$= \frac{\text{kumulierte Abschreibungen auf Sachanlagen}}{\text{Sachanlagenbestand zu Anschaffungskosten}} \times 100$$

Umschlaghäufigkeit des Anlagevermögens

$$= \frac{\text{Abschreibungen des Sachanlagevermögens + Abgänge des Sachanlagevermögens}}{\varnothing \text{ Bestand des Sachanlagevermögens zu AK/HK}} \times 100$$

Umschlaghäufigkeit des Umlaufvermögens

$$= \frac{\text{Umsatz}}{\varnothing \text{ Bestand des Umlaufvermögens}} \times 100$$

Kennzahlen zur Kapitalstruktur

Eigenkapitalquote $= \dfrac{\text{Eigenkapital}}{\text{Gesamtkapital}} \times 100$

Je höher der Eigenkapitalanteil am Gesamtkapital ist, desto kreditwürdiger und konkurrenzfähiger ist ein Unternehmen.

Statischer Verschuldungsgrad $= \dfrac{\text{Fremdkapital}}{\text{Eigenkapital}} \times 100$

Dynamischer Verschuldungsgrad $= \dfrac{\text{Effektivverschuldung}}{\text{Cashflow}} \times 100$

Der dynamische Verschuldungsgrad zeigt, in wie vielen Jahren die Verbindlichkeiten durch den Cashflow zurückgezahlt werden können (Schuldentilgungsdauer). Ein Wert von weniger als 3,5 Jahren wird in der Praxis als Maßstab für ein solides Unternehmen angesehen.

Anspannungsgrad $= \dfrac{\text{Fremdkapital}}{\text{Gesamtkapital}} \times 100$

Intensität des langfristigen Kapitals

$$= \frac{\text{Eigenkapital + langfristiges Fremdkapital}}{\text{Gesamtkapital}} \times 100$$

Liquiditätskennzahlen

$$\text{Liquidität 1. Grades} = \frac{\text{liquide Mittel}}{\text{kurzfristiges Fremdkapital}} \times 100$$

Bei der Liquidität ersten Grades spricht man auch von der Barliquidität bzw. absoluten Liquidity Ratio. Die Liquidität ersten Grades sollte mindestens 20 Prozent erreichen.

$$\text{Liquidität 2. Grades} = \frac{\text{monetäres Umlaufvermögen}}{\text{kurzfristiges Fremdkapital}} \times 100$$

Die Liquidität auf kurze Sicht ist gegeben, wenn die Relation größer als 1 ist.

$$\text{Liquidität 3. Grades} = \frac{\text{Umlaufvermögen}}{\text{kurzfristiges Fremdkapital}} \times 100$$

Die Liquidität dritten Grades wird in Form einer absoluten Zahl auch als Working Capital bezeichnet.

Working Capital = Umlaufvermögen – kurzfristige Verbindlichkeiten

Das Working Capital sollte unbedingt positiv sein, da dies die Basis ist, um die kurzfristigen Verbindlichkeiten zu begleichen.

$$\text{Deckungsgrad A} = \frac{\text{Eigenkapital}}{\text{Anlagevermögen}} \times 100$$

Der Deckungsgrad A drückt aus, inwieweit das Anlagevermögen durch Eigenkapital gedeckt ist. Wünschenswert ist, dass das Eigenkapital das Anlagevermögen zu 100 Prozent deckt.

Grundstücke und Gebäude sollten zumindest mit Eigenkapital finanziert werden.

$$\text{Deckungsgrad B} = \frac{\text{Eigenkapital + langfr. Fremdkapital}}{\text{Anlagevermögen}} \times 100$$

Der Deckungsgrad B berücksichtigt, dass für langfristige Investitionen neben dem Eigenkapital auch langfristiges Fremdkapital eingesetzt werden kann. Der Deckungsgrad B sollte immer größer als 100 Prozent sein, da das Anlagevermögen immer langfristig finanziert werden sollte.

Deckungsgrad C

$$= \frac{\text{Eigenkapital + langfristiges Fremdkapital}}{\text{Anlagevermögen + langfristiges Umlaufvermögen}} \times 100$$

Cashflow

Der Cashflow misst als Finanzkraft-Indikator die Fähigkeit des Unternehmens, aus eigener Kraft zur Innenfinanzierung, Schuldentilgung und Dividendenzahlung beizutragen. In der Praxis wird der Cashflow häufig in seiner einfachsten Form verwendet. Er errechnet sich dann als:

    Jahresüberschuss/Jahresfehlbetrag
+   Abschreibungen und Wertberichtigungen
–   Zuschreibungen zugunsten des Ergebnisses
+   Erhöhungen der langfristigen Rückstellungen
–   Verminderungen der langfristigen Rückstellungen
= Cashflow

Direkte Ermittlung: Der Cashflow kann unternehmensintern ermittelt werden:

zahlungswirksame Erträge
– zahlungswirksame Aufwendungen
= Cashflow

Cashflow/Umsatzrate $= \dfrac{\text{Cashflow}}{\text{Umsatz}} \times 100$

Die Kennzahl „Cashflow/Umsatzrate" sagt aus, wie viel Prozent des Umsatzes dem Unternehmen zu Selbstfinanzierung, Schuldentilgungen oder Ausschüttungen zur Verfügung standen.

Debitorenziel

$= \dfrac{\text{durchschn. Forderungen aus Lieferungen und Leistungen}}{\text{Umsatz pro Jahr}} \times 365$

Das Debitorenziel (Forderungslaufzeit) gibt Aufschluss über das Zahlungsverhalten der Kunden.

Kreditorenziel

$= \dfrac{\text{durchschn. Verbindlichk. aus Lieferungen und Leistungen}}{\text{Materialeinsatz} + \text{Fremdleistungen}} \times 365$

Das Kreditorenziel (Lieferantenziel) gibt an, nach wie vielen Tagen das Unternehmen im Durchschnitt seine Verbindlichkeiten bezahlt.

Rentabilitätskennzahlen

Die Rentabilität gibt grundsätzlich an, in welcher Höhe sich das eingesetzte Kapital eines Unternehmens in der betrachteten Periode verzinst hat. Je nachdem, welche Erfolgsgröße (Gewinn, Jahresüberschuss, ordentliches Betriebsergebnis, Cashflow oder Bruttogewinn) und welche Kapitalbasis (Eigenkapital, Gesamtkapital oder betriebsnotwendiges Kapital) verwendet werden, können verschiedene Rentabilitätskennziffern berechnet werden.

$$\text{Eigenkapitalrentabilität} = \frac{\text{Gewinn}}{\text{Eigenkapital}} \times 100 \quad \text{bzw.}$$

$$\text{Eigenkapitalrentabilität} = \frac{\text{Jahresüberschuss} + \text{EE-Steuern}}{\text{Eigenkapital}} \times 100$$

(EE-Steuern = Steuern vom Einkommen und Ertrag)

$$\text{Gesamtkapitalrentabiltät} = \frac{\text{Gewinn} + \text{Fremdkapitalzinsen}}{\text{Gesamtkapital}} \times 100 \quad \text{bzw.}$$

$$\text{Gesamtkapitalrentabilität} = \frac{\text{Jahresüberschuss} + \text{EE-Steuern} + \text{Fremdkapitalzinsen}}{\text{Gesamtkapital}} \times 100$$

Die Gesamtkapitalrentabilität entspricht der internen Verzinsung des im Betrieb eingesetzten Kapitals. Sie zeigt die Ertragskraft des Unternehmens unabhängig von der Höhe der Verschuldung. Diese Kennzahl beurteilt die Leistungsfähigkeit eines Unternehmens besser als die Eigenkapitalrendite.

Leverage-Effekt

Der Leverage-Effekt besagt, dass die Eigenkapitalrentabilität (EKR) mit zunehmender Verschuldung steigt, solange die Gesamtkapitalrentabilität (GKR) des Unternehmens größer ist als der zu zahlende Fremdkapitalzinssatz für das aufzunehmende Fremdkapital. Bei Verlust kehrt sich der Effekt dagegen um. Der Verschuldungsgrad wirkt sich wie eine Art Hebel auf die Eigenkapitalrentabilität aus.

$$\textbf{EKR} = GKR + (GKR - FKZ) \times \frac{Fremdkapital}{Eigenkapital}$$

$$\textbf{Betriebsrentabilität} = \frac{Betriebsergebnis}{betriebsnotwendiges\ Kapital} \times 100$$

Hier werden durch die Eliminierung des neutralen Ergebnisses zufällige Schwankungen ausgeschlossen. Es wird die aus dem Betriebszweck resultierende nachhaltige Ertragskraft dargestellt.

Umsatzrentabilität

Bei der Umsatzrentabilität wird die Entstehung des Erfolgs analysiert. Sie zeigt, in welchem Verhältnis der Gewinn zum Geschäftsvolumen steht. Die Kennzahl Umsatzrentabilität wird in der Literatur in zweifacher Weise gedeutet:

$$\textbf{Umsatzrentabilität} = \frac{Betriebsergebnis}{Umsatz} \times 100 \quad bzw.$$

$$= \frac{Gewinn}{Umsatz} \times 100$$

Bei der zweiten Variante kann noch weiter unterschieden werden zwischen der Netto- und der Brutto-Umsatzrentabilität.

$$\text{Netto-Umsatzrentabilität} = \frac{\text{Gewinn}}{\text{Umsatz}} \times 100$$

$$\text{Brutto-Umsatzrentabilität}$$

$$= \frac{\text{Gewinn + Fremdkapitalzinsen}}{\text{Umsatz}} \times 100$$

Kapitalumschlag

$$\text{Kapitalumschlag} = \frac{\text{Umsatz}}{\text{Kapital}}$$

Je höher der Kapitalumschlag, desto intensiver ist die Nutzung des Kapitals und desto besser sind auch Rentabilität und Liquidität.

Return on Investment (ROI)

Der Return on Investment (ROI) misst die Rentabilität des Kapitaleinsatzes. Dabei wird entweder der Gewinn, der Jahresüberschuss oder der Cashflow dem investierten Kapital gegenübergestellt.

$$\text{ROI} = \frac{\text{Gewinn}}{\text{Umsatz}} \times \frac{\text{Umsatz}}{\text{Gesamtkapital (investiertes Kapital)}} \times 100$$

$$\text{ROI} = \text{Umsatzrendite} \times \text{Kapitalumschlag}$$

Free Cashflow (FCF)

Der Free Cashflow eines Unternehmens entspricht den in einer bestimmten Periode operativ erwirtschafteten liquiden Mitteln, die nicht für Investitionen in Anlage- und Umlaufvermögen benötigt werden. Der FCF zeigt also die tatsächlich noch für Ausschüttungen an die Fremd- und Eigenkapitalgeber verfügbaren Mittel.

	EBIT (operatives Ergebnis vor Zinsen und Steuern)
–	Unternehmenssteuern
=	Operatives Ergebnis vor Zinsen
+/–	Erhöhung/Minderung langfristiger Rückstellungen
+/–	Abschreibungen/Zuschreibungen
=	Operativer Brutto-Cashflow
+/–	Minderung/Erhöhung des Working Capital
+/–	Mittelabflüsse aus Investitionen/Mittelzuflüsse aus Desinvestitionen bei Sachanlagen und immateriellen Vermögensgegenständen
=	Free Cashflow

Economic Value Added (EVA)

EVA = Betriebsergebnis – Steuern – Kapitalkosten

Der EVA zeigt, welche Werte in einer Periode geschaffen wurden.

EBIT (Earnings before Interest and Taxes)

Das EBIT = operatives Ergebnis vor Fremdkapitalzinsen und Steuern wird auch als Betriebsergebnis bezeichnet.

	Gesamtergebnis vor Steuern und Zinsen
–	außerordentliche Erträge
+	außerordentlicher Aufwand
–	Desinvestitionen
+	Aufwand aus Desinvestitionen
=	EBIT

EBITDA (Earnings before Interest, Taxes, Depreciation and Amortization)

EBITDA = operatives Ergebnis vor Fremdkapitalzinsen, Steuern, Abschreibungen auf Sachanlagen und immaterielle Vermögensgegenstände.

	EBIT
+	Abschreibungen auf Sachanlagen
+	Abschreibungen auf immaterielle Vermögensgegenstände
=	EBITDA

Das EBITDA stellt eine operative Erfolgsgröße dar, die versucht, bilanzielle, steuerliche und finanzielle Sondereinflüsse aus den gängigen Gewinngrößen herauszurechnen, um das Unternehmen global vergleichen zu können.

Finanzierung

Unter Finanzierung versteht man im weitesten Sinne die Kapitalbeschaffung. Die Wahrung des finanziellen Gleichgewichts ist eine wichtige Aufgabe für jedes Unternehmen. Zu den langfristigen Finanzierungsregeln zählen die goldene Finanzierungsregel und die goldene Bilanzregel.

Goldene Bilanzregeln	Im engeren Sinne: $$\frac{\text{Eigenkapital + langfristiges Fremdkapital}}{\text{Anlagevermögen}} \geq 1$$ Im weiteren Sinne: $$\frac{\text{Eigenkapital + langfr. Fremdkapital}}{\text{Anlagevermögen + langfr. Umlaufvermögen}} \geq 1$$
Goldene Finanzierungsregeln	$$\frac{\text{kurzfristiges Vermögen}}{\text{kurzfristiges Kapital}} \geq 1$$ $$\frac{\text{langfristiges Vermögen}}{\text{langfristiges Kapital}} \leq 1$$

Finanzierungsarten

Zur Deckung des Kapitalbedarfs kommen finanzielle Mittel der Innen- und Außenfinanzierung in Betracht. Die Finanzierungsarten können wie folgt unterschieden werden:

Finanzierungsarten		
Herkunft **Rechts-stellung**	**Außenfinanzierung**	**Innenfinanzierung**
Eigenfinan-zierung	Beteiligungsfinanzierung (Einlagen)	Selbstfinanzierung (offen, verdeckt) Finanzierung aus Vermögensumschichtungen Finanzierung aus Abschreibungen
Fremdfinan-zierung	Kreditfinanzierung Leasing, Factoring Subventionsfinanzierung	Finanzierung aus Rückstellungen

Effektivverzinsung

Für die Beurteilung eines Kredits ist nicht der Nominal-, sondern der Effektivzinssatz entscheidend, denn nur er sagt aus, wie viel ein Kredit tatsächlich kostet.

Unterjährige Verzinsung mit Zinseszins

$$p_m = \frac{p}{m}$$

$$p_{eff} = \left[\left(1 + \frac{p_m}{100} \right)^m - 1 \right] \times 100$$

p_m = unterjähriger Periodenzins (nominal)

p = Nominaljahreszins = $m \times p_m$

m = Anzahl der unterjährigen Perioden

p_{eff} = Jahreseffektivzins

Zur Berechnung der Effektivverzinsung im kurz- und mittel-fristigen Bereich kann folgende Formel verwendet werden, die jedoch nicht auf der Zinseszinsberechnung basiert:

$$p_{eff} = \frac{24 \, (p_m \times t + B)}{t + 1} = \text{Jahreseffektivzins}$$

t = Laufzeit in Monaten

B = Bearbeitungsgebühr, Vermittlungs- und ähnliche Kosten

Rückzahlungsmodalitäten und Effektiv-zinsbestimmung bei Darlehens-finanzierung

Annuitätendarlehen

Beim Annuitätendarlehen bleibt der Kapitaldienst im Zeitab-lauf unverändert. Das bedeutet, dass der Anteil der Tilgung an dem gleich bleibenden Teilzahlungsbetrag (Annuität) während der Laufzeit steigt, während der Anteil der Zinsen aufgrund des durch die Amortisation sinkenden Kreditbetrags kontinuierlich zurückgeht. Die Annuitäten werden ermittelt,

indem der Barwert (K_0) des Darlehens mit dem Annuitätenfaktor[1] (ANF) multipliziert wird:

Annuität = Darlehensbetrag × Annuitätenfaktor

$$\text{Annuität} = K_0 \times \frac{q^n \times i}{q^n - 1}$$

Festdarlehen (endfälliges Darlehen)
mit einem Disagio

Beim Festdarlehen bestehen die Kapitaldienste des Kreditnehmers während der Laufzeit nur aus gleich bleibend hohen
Zinsen. Am Ende der Laufzeit wird das gesamte Darlehen in
einer Summe getilgt.

Effektivzinsberechnung mit Faustformel:

$$i_{eff} = \frac{i_{nom} + \dfrac{R - A}{n}}{A} \times 100$$

i_{eff} = Effektivzinssatz
i_{nom} = Nominalzinssatz (dezimal)
R   = Rückzahlungsbetrag (dezimal)
A   = Auszahlungskurs (dezimal)
n   = Laufzeit (Jahre)

Effektivzinsberechnung mit Restwertverteilungsfaktor (RVF)[2]

[1, 2] Siehe finanzmathematische Formeln im Kapitel „Investition".

Die Faustformel enthält Fehler, sodass bei großen Darlehen, die über mehrere Jahre laufen, Abweichungen in der Größenordnung von mehreren Zehntelprozentpunkten entstehen können.

$$i_{eff} = \frac{i_{nom} + (R - A) \times RVF}{A} \times 100$$

Abzahlungsdarlehen (Ratendarlehen)

Das Ratendarlehen ist ein i. d. R. langfristiger Kredit, der meist nach Freijahren in gleich hohen Tilgungsbeträgen während der Laufzeit zurückgezahlt wird. Beim Abzahlungsdarlehen bestehen die Kapitaldienste des Kreditnehmers aus abnehmenden Raten. Mit zunehmender Zeit sinkt der Zinsanteil, während der Tilgungsanteil konstant bleibt.

Für die Effektivzinsberechnung wird die mittlere Laufzeit t_m benötigt.

$$t_m = \frac{t + 1}{2}$$

t_m = mittlere Laufzeit
t = gesamte Laufzeit (Tilgungszeit)

Erfolgt die Tilgung eines Darlehens erst nach einigen tilgungsfreien Jahren, so sind die Freijahre wie folgt zu berücksichtigen:

$$t_m = t_f + \frac{(t - t_f) + 1}{2}$$

Um den effektiven Zinssatz zu errechnen, ist für n in der Grundformel die mittlere Laufzeit t_m unter Berücksichtigung der tilgungsfreien Laufzeit t_f anzusetzen bzw. die mittlere Laufzeit beim Restwertverteilungsfaktor (RVF) zu berücksichtigen.

$$i_{eff} = \frac{i_{nom} + \dfrac{R - A}{t_m}}{A} \times 100$$

Effektivverzinsung einer Anleihe

Bei der Anleiheeffektivverzinsung sind zu berücksichtigen:

- der Ausgabekurs bzw. der Kurswert,
- die Restlaufzeit,
- der Rückzahlungskurs,
- eventuell die Zinsabrechnungsperiode und
- die Begebungs- sowie die laufenden Kosten.

Das emittierende Unternehmen ermittelt die Effektivverzinsung näherungsweise nach folgender Faustformel:

$$i_{eff} = \frac{i_{nom} + k_l + \dfrac{D + k_e}{n}}{100 - D - k_e} \times 100$$

Der Anleger (Erwerber) ermittelt die Effektivverzinsung näherungsweise nach folgender Faustformel:

$$i_{eff} = \frac{i_{nom} + \dfrac{D}{n}}{100 - D} \times 100$$

i_{eff} = Effektivverzinsung in %

i_{nom} = Nominalverzinsung in %

k_l = laufende Kosten pro Jahr in % des Nennwerts

k_e = einmalige Begebungskosten in % des Nennwerts

D = Disagio (Differenz zum Nominalwert)

n = Laufzeit in Jahren

Falls Teile der Anleihe während der Laufzeit zurückgezahlt werden, z. B. nach tilgungsfreien Jahren, so sind bei der Bestimmung der Kosten für das emittierende Unternehmen die einmaligen und vorschüssigen Nebenkosten (inkl. Disagio) nicht über die Gesamtlaufzeit n, sondern über eine fiktive mittlere Laufzeit t_m zu verteilen.

Lieferantenkredit

Der Lieferantenkredit ist in der Regel ein sehr teurer Kredit. Für das Unternehmen ist es meist günstiger, die Lieferantenrechnungen bar zu zahlen und Skonti in Anspruch und sich dafür einen Bankkredit zu nehmen. Die Faustformel lautet:

$$i_{appr} = \frac{S}{z - f} \times 360$$

i_{appr} = (approximativer) Jahresprozentsatz (%)

S = Skontosatz (%)

z = Zahlungsziel (Tage)

f = Skontofrist (Tage)

z – f = Skontobezugszeitraum (Tage)

Kapitalflussrechnung

Gliederungsschema der Kapitalflussrechnung nach DRS II „Indirekte Methode"

1.		Jahresergebnis (einschließlich Ergebnisanteilen von Minderheitsgesellschaftern) vor außerordentlichen Posten
2.	+/−	Ab-/Zuschreibungen auf Gegenstände des Anlagevermögens
3.	+/−	Zu-/Abnahme der Rückstellungen
4.	+/−	Sonstige zahlungsunwirksame Aufwendungen/Erträge (bspw. Abschreibung auf ein aktiviertes Disagio)
5.	−/+	Gewinn/Verlust aus dem Abgang von Gegenständen des Anlagevermögens
6.	−/+	Zu-/Abnahme der Vorräte, der Forderungen aus Lieferungen und Leistungen sowie anderer Aktiva, die nicht der Investitions- oder Finanzierungstätigkeit zuzuordnen sind
7.	+/−	Zu-/Abnahme der Verbindlichkeiten aus Lieferungen und Leistungen sowie anderer Passiva, die nicht der Investitions- oder Finanzierungstätigkeit zuzuordnen sind
8.	+/−	Ein- und Auszahlungen aus außerordentlichen Posten
9.	=	Cashflow aus der laufenden Geschäftstätigkeit
10.		Einzahlungen aus Abgängen von Gegenständen des Sachanlage-/immateriellen Anlagevermögens

11.	–	Auszahlungen für Investitionen in das Sachanlagevermögen/immaterielle Anlagevermögen
12.	+	Einzahlungen aus Abgängen von Gegenständen des Finanzanlagevermögens
13.	–	Auszahlungen für Investitionen in das Finanzanlagevermögen
14.	+/–	Einzahlungen und Auszahlungen aus Erwerb und Verkauf von konsolidierten Unternehmen und sonstigen Geschäftseinheiten
15.	=	Cashflow aus der Investitionstätigkeit
16.		Einzahlungen aus Eigenkapitalzuführungen
17.	–	Auszahlungen an Unternehmenseigner und Minderheitsgesellschafter (Dividenden, Erwerb eigener Anteile, Eigenkapitalrückzahlungen, andere Ausschüttungen)
18.	+	Einzahlungen aus der Begebung von Anleihen und der Aufnahme von (Finanz-)Krediten
19.	–	Auszahlungen aus der Tilgung von Anleihen und (Finanz-)Krediten
20.	=	Cashflow aus der Finanzierungstätigkeit
21.		Zahlungswirksame Veränderungen des Finanzmittelbestands (Summe aus Ziffer 9, 15, 20)
22.	+/–	Wechselkurs-, konzernkreis- und bewertungsbedingte Änderungen des Finanzmittelbestands
23.	+	Finanzmittelbestand am Anfang der Periode
24.	=	Finanzmittelbestand am Ende der Periode

Die Kapitalflussrechnung dient zur finanzwirtschaftlichen Beurteilung eines Unternehmens. In ihr werden Informationen über die Zahlungsströme getrennt nach den Cashflows aus der laufenden Geschäftstätigkeit, aus der Investitionstätigkeit (einschl. Desinvestitionen) und aus der Finanzierungstätigkeit dargestellt.

Beteiligungsfinanzierung/Kapitalerhöhung

Eine ordentliche Kapitalerhöhung erfolgt durch die Ausgabe neuer („junger") Aktien. Die Altaktionäre besitzen dabei ein Bezugsrecht entsprechend ihrer Beteiligung. Der rechnerische Wert des Bezugsrechts wird durch folgende Faktoren beeinflusst:

- Bezugsverhältnis,
- Bezugskurs der jungen Aktien,
- Börsenkurs der alten Aktien.

$$\text{Bezugsverhältnis} = \frac{\text{Zahl Altaktien}}{\text{Zahl Jungaktien}} = \frac{\text{bisheriges Grundkapital}}{\text{Erhöhungskapital}}$$

$$\text{Wert des Bezugsrechts} = \frac{\text{Kurs Altaktie} - \text{Kurs Jungaktie}}{\text{Bezugsverhältnis} + 1}$$

Falls es bei den jungen Aktien eventuell einen Dividendennachteil (z. B. nicht für das ganze Geschäftsjahr dividendenberechtigt) gibt, ist folgende Formel anzuwenden:

Bezugsrecht

$$= \frac{\text{Kurs Altaktie} - (\text{Kurs Jungaktie} + \text{Dividendennachteil})}{\text{Bezugsverhältnis} + 1}$$

Bezugsrecht = Kurs Altaktie – neuer Mittelkurs

Neuer Mittelkurs

$$= \frac{\text{bisheriges Aktienkapital} + \text{Kapitalerhöhung}}{\text{Anzahl Altaktien} + \text{Anzahl Jungaktien}}$$

Aktienbewertung

$$\text{Bilanzkurs} = \frac{\text{bilanziertes Eigenkapital}}{\text{Grundkapital}} \times 100$$

Der Bilanzkurs ist der rechnerische Wert einer Aktie. Exakter wird die Berechnung, wenn man noch die stillen Reserven zum Eigenkapital addiert.

$$\text{Ertragskurs} = \frac{\text{Ertragswert der Unternehmung}}{\text{Grundkapital}} \times 100$$

Der Ertragswert lässt sich durch Kapitalisierung des nachhaltig erwarteten Reinertrags ermitteln.

$$\text{Ertragswert} = \frac{\text{Reinertrag}}{\text{Kapitalisierungszinsfuß}} \times 100$$

Gewinn pro Aktie

Der Gewinn pro Aktie („Earnings per share") ist eine Ertragskennzahl, die zeigt, wie viel Gewinn ein Unternehmen pro Aktie erwirtschaftet.

$$\text{Gewinn pro Aktie} = \frac{\text{Jahresüberschuss}}{\text{Anzahl der Aktien}} \times 100$$

$$= \frac{\text{Jahresüberschuss}}{\text{gezeichnetes Kapital} \div \text{Nennwert einer Aktie}}$$

Dividendenrendite

Die zuletzt gezahlte Dividende wird ins Verhältnis zum aktuellen Aktienkurs gesetzt. Von der Dividende ist die Kapitalertragsteuer abzuziehen, die der Aktionär in der Regel zahlen muss. Sie zeigt die fiktive Verzinsung einer Aktie.

$$\text{Dividendenrendite} = \frac{\text{Nettodividende}}{\text{Kurs der Aktie}} \times 100$$

Kurs-Gewinn-Verhältnis (KGV)

Das KGV ist eine Kennziffer zur Aktienkursbeurteilung. Es zeigt, ob eine Aktie billig oder teuer ist. Je niedriger das KGV, desto günstiger erscheint die Aktie. Die Kennzahl eignet sich zum Vergleich von Unternehmen derselben Branche.

$$\text{KGV} = \frac{\text{Aktienkurs}}{\text{Gewinn pro Aktie}}$$

Investitionsrechnung

Mithilfe der Investitionsrechnung wird versucht, die Vorteilhaftigkeit einzelner bzw. verschiedener möglicher Investitionsobjekte zu ermitteln.

Statische Investitionsrechnung

Bei den statischen Investitionsrechenverfahren handelt es sich um Einperiodenmodelle (Durchschnittsrechnung).

Kostenvergleichsrechnung

Kostenkomponenten:

- Betriebskosten (Personal, Material, Energie, Räumlichkeiten)
  - variable Kosten k_v
  - Fixkosten $k_{f(Betrieb)}$
- Kapitalkosten
  - kalkulatorische Zinsen (entgangene Zinsen)
  - kalkulatorische Abschreibung (Kapitalverzehr)

Kalkulatorische Abschreibung

kalk. **Abschreibung** $= \dfrac{I_0 - RW_n}{n}$

I_0 = Anschaffungskosten
RW_n = Liquidationserlös am Ende der Nutzungsdauer
n = Nutzungsdauer in Jahren
i = Kalkulationszinssatz

Der Kapitalverzehr während der gesamten Nutzungsdauer wird auf ein Jahr heruntergerechnet.

Kalkulatorische Zinsen

kalk. **Zinsen** $= \dfrac{I_0 + RW_n}{2} \times i$ oder $= \left[\dfrac{I_0 + RW_n}{2} + UV\right] \times i$

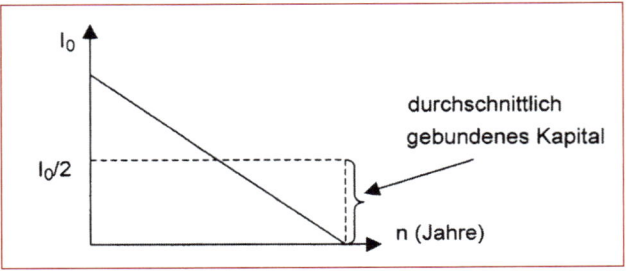

Abbildung: Kalkulatorische Zinsen

Kalkulatorische Zinsen werden auf das durchschnittlich gebundene Kapital berechnet.

Fixkosten = Fixkosten (Betrieb) + Kapitalkosten

$$\textbf{Fixkosten} = k_{f(Betrieb)} + \frac{I_0 - RW_n}{n} + \frac{I_0 + RW_n}{2} \times i$$

Gesamtkosten: $K_{ges} = K_f + k_v \times x$

x = Stück, Menge

Auswahlkriterium: Wähle das Objekt mit den geringsten Kosten.

- Auswahlentscheidung:
  - mengenmäßig gleiche Leistung → Kostenvergleich pro Periode
  - mengenmäßig ungleiche Leistung → Kostenvergleich pro Leistungseinheit
- Kritische Ausbringungsmenge:

Voraussetzung: $K_A = K_B$

Somit gilt: $K_{fA} + k_{vA} \times x = K_{fB} + k_{vB} \times x$

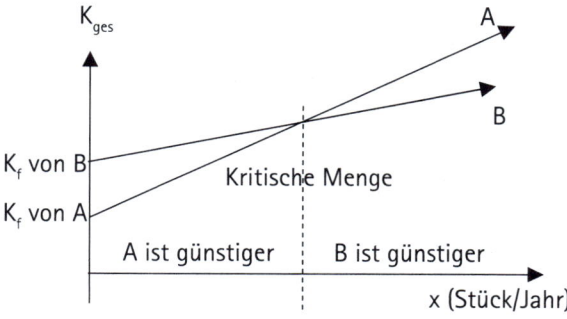

Abbildung: Kritische Ausbringungsmenge

$$x_{kr} = \frac{K_{fB} - K_{fA}}{k_{vA} - k_{vB}}$$

x_{kr} = kritische Auslastung
K_f = fixe Gesamtkosten
k_v = variable Stückkosten

Ersatzinvestitionsentscheidung

Bei einem Vergleich zwischen der alten Anlage und einer neuen Anlage sind als Kapitalkosten zu berücksichtigen:

- Bei der alten Anlage:
  - Verringerung des Liquidationserlöses während der Vergleichsperiode
  - Kalkulatorische Zinsen auf das während der Vergleichsperiode durchschnittlich gebundene Kapital

$$l = \frac{L_0 - L_v}{v}$$

l = durchschnittliche Verringerung des Liquidationserlöses
L_0 = Liquidationserlös alte Anlage am Planungszeitraumanfang
L_v = Liquidationserlös alte Anlage am Planungszeitraumende
v = Umfang der Vergleichsperiode

kalkulatorische Zinsen Z $= \frac{L_0 + L_v}{2} \times i$

- Bei der neuen Anlage:
  - kalkulatorische Abschreibung
  - kalkulatorische Zinsen

Kostenkriterium bei Ersatzproblem: $K_{neu} < K_{alt}$

Gewinnvergleichsrechnung

Bei der Gewinnvergleichsrechnung werden im Gegensatz zur Kostenvergleichsrechnung die erzielbaren Erlöse mit einbezogen.

Gewinn = Erlöse - Kosten

Eine Investition ist vorteilhaft, wenn der Gewinn > 0 ist. Wähle das Objekt mit dem höchsten Gewinn.

Break–even–Analyse – Kritische Auslastung

Der Break-even-Point (Gewinnschwelle) ist der Auslastungsgrad, bei dem eine Anlage in die Gewinnzone kommt.

$$\text{Kritische Auslastung } x_{kr} = \frac{K_{fB} - K_{fA}}{(k_{vA} - k_{vB}) - (P_A - P_B)}$$

P = Preis (EUR/Stück)

$$\text{Break}-\text{even}-\text{Point} = \frac{\text{gesamte Fixkosten } (K_f)}{\text{Stückdeckungsbeitrag } (d)}$$

Stückdeckungsbeitrag (Deckungsspanne)
= Erlöse/Stück – variable Kosten/Stück

Rentabilitätsrechnung

Bei der Rentabilitätsrechnung werden die Gewinne ins Verhältnis zum eingesetzten Kapital gesetzt.

$$\text{Rentabilität} = \frac{\text{durchschnittlicher Gewinn vor Zinsen}}{\text{durchschnittlicher Kapitaleinsatz}}$$

Ermittlung des durchschnittlichen Kapitaleinsatzes (D):

– Nicht abnutzbare Anlagegüter: → Anschaffungskosten
– Abnutzbare Anlagegüter:

$$D = \frac{\text{Anschaffungskosten + Restwert}}{2}$$

Die Rentabilitätsrechnung gibt die durchschnittliche jährliche Verzinsung des investierten Kapitals an.

Auswahlkriterium:

– Wähle das Objekt mit der größten durchschnittlichen Rentabilität.
– Verzichte auf Objekte, deren Rendite geringer ist als die geforderte Mindestverzinsung.

Ersatzinvestitionsentscheidung

Beim Ersatzproblem geht es um die Frage der zusätzlichen Kostenersparnis.

$$\text{Rentabilität} = \frac{\text{Minderkosten (EUR/Jahr)}}{\varnothing \text{ Kapitaleinsatz}_{neu}} = \frac{K_{alt} - K_{neu}}{DK_{neu}}$$

Amortisationsrechnung

Die Amortisationsdauer t wird als Zeit in Jahren berechnet, nach der sich die Investition bezahlt macht.

Je geringer die Amortisationsdauer t, desto vorteilhafter das Objekt.

Durchschnittsrechnung:

$$t = \frac{\text{Kapitaleinsatz (Anschaffungskosten - Restwert)}}{\varnothing \text{ Rückflüsse (Gewinn + kalk. Abschreibungen)}}$$

Kumulationsrechnung:

Die tatsächlichen Zahlungsströme so lange aufaddieren, bis der Kapitaleinsatz übertroffen wird.

$$t = n + \frac{A - \sum ZS_i}{ZS}$$

n = Anzahl der Jahre bis ein Jahr vor Amortisationsdauer

A = Anschaffungsauszahlung

ZS_i = Summe der Zahlungssalden bis ein Jahr vor Amortisationszeitpunkt

ZS = Zahlungssaldo im Amortisationsjahr

Beispiel:

Zeitpunkt	t_0	t_1	t_2	t_3	t_4
Zahlungssalden	-20	+6	+10	+7	+5

Amortisation zwischen t_2 u. t_3: 6 + 10 + 7 = 23

Genau: 2 Jahre + $\dfrac{20 - (6 + 10)}{7}$ = 2 + $\dfrac{4}{7}$ = 2,57 Jahre

Auswahlkriterium:

— Wähle das Objekt mit der kürzesten Amortisationsdauer.

Ersatzinvestitionsentscheidung

$$t = \frac{\text{zusätzlicher Kapitaleinsatz } (I_0 - RW_n)}{\text{ersparte Kosten + zusätzliche Abschreibungen}}$$

Dynamische Investitionsrechnung

Bei den dynamischen Investitionsrechenverfahren handelt es sich um Mehrperiodenmodelle. Hier werden unterschiedliche Zahlungszeitpunkte und Zinseszinsen berücksichtigt.

Finanzmathematische Grundlagen

Barwert: Der Bar- oder Gegenwartswert einer Ein- oder Auszahlung ist der auf den Beginn des Planungszeitraums abgezinste Wert der Zahlung.

Endwert: Der End- oder Zukunftswert ist der auf das Ende des Planungszeitraums aufgezinste Wert der Zahlung.

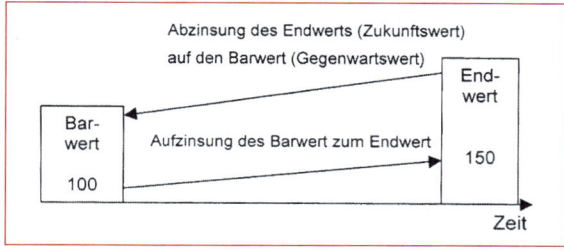

Abbildung: Barwert/Endwert

K_0 = Barwert
K_n = Endwert

Einmalzahlung

Aufzinsungsfaktor (AuF) $= q^n = (1 + i)^n$

i = Zinssatz
$q = 1 + i$

Der Aufzinsungsfaktor (AuF) wandelt eine „Einmalzahlung jetzt" in eine „Einmalzahlung nach n Perioden" um.

Abzinsungsfaktor (AbF) $= \dfrac{1}{q^n} = \dfrac{1}{(1 + i)^n}$

Der Abzinsungsfaktor (AbF) wandelt eine „Einmalzahlung nach n Perioden" in eine „Einmalzahlung jetzt" um.

Barwert bei einer einmaligen Zahlung

$$K_0 = K_n \times \frac{1}{q^n} = K_n \times \frac{1}{(1 + i)^n}$$

Zahlungen in Form einer Zahlungsreihe

Rentenbarwertfaktor (Diskontierungssummenfaktor)

Rentenbarwertfaktor (RBW) $= \dfrac{q^n - 1}{q^n \times i}$

Rentenbarwertfaktor (nach- und vorschüssig)

$$\text{RBW}_{\text{nachschüssig}} = \frac{q^n - 1}{q^n \times i}$$

$$\text{RBW}_{\text{vorschüssig}} = q \times \frac{q^n - 1}{q^n \times i}$$

Der Rentenbarwertfaktor (RBW) wandelt eine Zahlungsreihe in eine „Einmalzahlung jetzt" um.

Annuitätenfaktor (Wiedergewinnungsfaktor)

Annuitätenfaktor (ANF) $= \dfrac{q^n \times i}{q^n - 1}$

Mithilfe des Annuitätenfaktors (ANF) ist es möglich, einen heute zur Verfügung stehenden Betrag in jährlich gleich hohe Zahlungsbeträge (Annuitäten) umzuwandeln.

Endwertfaktor

$$\text{Endwertfaktor (EWF)} = \frac{q^n - 1}{i}$$

Endwert: $K_n = e \times EWF$

e = Rückflüsse, Annuität, Zahlung

Der Endwertfaktor (EWF) wandelt eine Zahlungsreihe in eine „Einmalzahlung nach n Perioden" um.

Restwertverteilungsfaktor

$$\text{Restwertverteilungsfaktor (RVF)} = \frac{i}{q^n - 1}$$

Der Restwertverteilungsfaktor (RVF) wandelt eine „Einmalzahlung nach n Perioden" in eine Zahlungsreihe um.

Kapitalwertmethode

Kapitalwert bei variierenden Rückflüssen

$$C_0 = -I_0 + \frac{R_1}{q} + \frac{R_2}{q^2} + \dots + \frac{R_n}{q^n} \pm \frac{L_n}{q^n} \quad \text{bzw.}$$

$$C_0 = -I_0 + \sum_{t=1}^{n} \frac{R_t}{q^t} \pm \frac{L_n}{q^n}$$

C_0 = Kapitalwert

R_t = Rückflüsse zum Zeitpunkt t (Einzahlungen minus Auszahlungen des Jahres t)

L_n = Liquidationserlöse bzw. -aufwand im n-ten Jahr

q = 1 + i, wobei i = Zinssatz (%)

t = einzelne Perioden von 0 bis n

n = Nutzungsdauer des Investitionsobjekts (Jahre)

I_0 = Anschaffungskosten

Auswahlkriterium:

- Investition ist vorteilhaft, wenn der Kapitalwert $C_0 \geq 0$ ist.
- Bei mehreren Alternativen wähle diejenige, mit dem höchsten Kapitalwert.

Kapitalwert bei konstanten Rückflüssen

$$C_0 = -I_0 + R \times \frac{q^n - 1}{q^n \times i} \pm \frac{L}{q^n}$$

L = Liquidationserlös bzw. Liquidationsaufwand

R = konstante Rückflüsse

Ersatzproblem

Frage: Soll die Ersatzinvestition sofort oder in der nächsten Periode durchgeführt werden?

Sofortige Ersatzinvestition im Zeitpunkt t_0:

$$C_0^{t_0} = L_{alt} + C_{0neu} \times \frac{q^n}{q^n - 1}$$

Ersatzinvestition in der nächsten Periode, d. h. im Zeitpunkt t_1:

$$C_0^{t_1} = (R_{alt} + L_{alt} + C_{0neu}^{t_1} \times \frac{q^n}{q^n - 1}) \times \frac{1}{q}$$

$C_0^{t_0/t_1}$ = Kapitalwert zum Zeitpunkt t_0 bzw. t_1

L_{alt} = Liquidationserlös des alten Investitionsobjekts

R_{alt} = Überschuss (Rückfluss) des alten Investitionsobjekts zwischen t_0 und t_1

Bei unterschiedlich hohen Rückflüssen

$$C_0^{t_0} = L_{alt} + \left(\frac{R_1}{q} + \frac{R_2}{q^2} + ... + \frac{R_n}{q^n} + L_{neu} \times \frac{1}{q^n} - I_0 \right) \times \frac{q^n}{q^n - 1}$$

$$C_0^{t_1} = \left[R_{alt} + L_{alt} + \left(\begin{array}{c} \frac{R_1}{q} + \frac{R_2}{q^2} + ... + \frac{R_n}{q^n} \\ + L_{neu} \times \frac{1}{q^n} - I_0 \end{array} \right) \times \frac{q^n}{q^n - 1} \right] \times \frac{1}{q}$$

Bei konstanten Rückflüssen

$$C_0^{t_0} = L_{alt} + \left(R_{neu} \times \frac{q^n - 1}{q^n \times i} + L_{neu} \times \frac{1}{q^n} - I_0 \right) \times \frac{q^n}{q^n - 1}$$

$$C_0^{t_1} = \left[R_{alt} + L_{alt} + \left(\begin{array}{c} R_{neu} \times \frac{q^n - 1}{q^n \times i} \\ + L_{neu} \times \frac{1}{q^n} - I_0 \end{array} \right) \times \frac{q^n}{q^n - 1} \right] \times \frac{1}{q}$$

Interne Zinsfußmethode

Mit der internen Zinsfußmethode wird der kritische Zinssatz (interner Zinsfuß) errechnet, bei dem der Kapitalwert einer Investition null entspricht. Somit wird die Formel zur Ermittlung des Kapitalwerts gleich null gesetzt; $C_0 = 0$ ergibt:

$$0 = -I_0 + \frac{R_1}{q} + \frac{R_2}{q^2} + \dots + \frac{R_n}{q^n} + \frac{L_n}{q^n}$$

Der interne Zinsfuß (r) kann durch lineare Interpolation bestimmt werden.

$$r = i_1^+ + C_{01}^+ \times \frac{i_2^- - i_1^+}{C_{01}^+ - C_{02}^-}$$

r = interner Zinsfuß
i_1^+ = Versuchszinssatz 1
i_2^- = Versuchszinssatz 2
C_{01}^+ = Kapitalwert (positiv) bei i_1
C_{02}^- = Kapitalwert (negativ) bei i_2

Vorgehensweise:

1 Wähle niedrigen Versuchszinssatz, der voraussichtlich einen positiven Kapitalwert ergibt.

2 Wähle hohen Versuchszinssatz, der voraussichtlich einen negativen Kapitalwert ergibt.

3 Die tatsächliche Rendite liegt zwischen beiden Zinssätzen.

Vereinfachte interne Zinsfußmethode

Bei zeitlich begrenzter Nutzung ($n < \infty$) des Investitionsobjekts und gleich bleibenden jährlichen Rückflüssen (R = konstant) lässt sich der interne Zinsfuß auf vereinfachte Weise ermitteln. Ohne Liquidationserlös gilt folgende Gleichung:

$$C_0 = 0 = R \times \frac{q^n - 1}{q^n \times i} - I_0$$

R = Rückfluss (Einzahlungen – Auszahlungen)
I_0 = Anschaffungswert

Nach dem Rentenbarwertfaktor (RBW) aufgelöst ergibt sich:

$$\frac{q^n - 1}{q^n \times i} = \frac{I_0}{R}$$

Der entsprechende Wert des Rentenbarwertfaktors ist aus einer finanzmathematischen Tabelle zu entnehmen. Somit erhält man den internen Zinsfuß.

Bei zeitlich unbegrenzter Nutzung ($n = \infty$) des Investitionsobjekts und gleich bleibenden jährlichen Rückflüssen (R = konstant) kann der interne Zinsfuß wie folgt ermittelt werden:

$$r = \frac{R}{I_0}$$

Zweizahlungsfall

Der Anschaffungsausgabe I_0 steht nur eine einzige Einzahlung gegenüber.

$$r = \sqrt[n]{\frac{R}{I_0}} - 1$$

Auswahlkriterium:

- Investition ist vorteilhaft, wenn $r \geq i$.
- Wähle Objekt mit größtem internen Zinsfuß (r).

Annuitätenmethode

Sie ist eine Fortführung der Kapitalwertmethode, d. h. sie überträgt den Kapitalwert in einen Periodenerfolg.

$$\text{Annuität} = z = C_0 \times \frac{q^n \times i}{q^n - 1}$$

Jährlich gleiche Rückflüsse, zeitlich begrenzte Nutzung

$$z = R - \left(I_0 - \frac{L}{q^n} \right) \times \frac{q^n \times i}{q^n - 1}$$

Jährlich gleiche Rückflüsse, Nutzung unbegrenzt

$$z = R - I_0 \times i$$

R = Rückfluss (Einzahlungen – Auszahlungen)
I_0 = Anschaffungswert
L = Liquidationserlös

Auswahlkriterium:

- Investitionsobjekt ist vorteilhaft, wenn Annuität $z \geq 0$ ist.
- Wähle Investitionsobjekt mit größter positiver Annuität.

Dynamische Amortisationsrechnung

Hier werden die jährlichen Rückflüsse (Einzahlungen minus Auszahlungen) abgezinst und so lange aufaddiert, bis die Summe den Kapitaleinsatz (Anschaffungskosten I_0) erreicht hat.

$$I_0 = \sum_{t=1}^{m} R_t \times \frac{1}{q^t}$$

m = Jahr in dem die Amortisation erfolgt

Auswahlkriterium:

- Investition ist vorteilhaft, wenn die vorgegebene Amortisationsdauer unterschritten wird.

- Wähle Investition mit der kürzesten Amortisationsdauer.

Nutzwertanalyse

Die Nutzwertanalyse berücksichtigt die qualitativen Kriterien eines Investitionsvorhabens.

Schritte	Maßnahmenbeschreibung
1 Festlegung und Strukturierung der Zielkriterien	Auswahl der für die Beurteilung zugrunde gelegten Kriterien. Die Zielkriterien werden aus dem Zielsystem abgeleitet, das dem Problem zugrunde liegt.
2 Zielkriterien- gewichtung	Mit den entsprechenden Gewichtungs- faktoren werden die Zielkriterien gewichtet. Die Gewichtung zeigt die Bedeutung der einzelnen Kriterien an.

Schritte	Maßnahmenbeschreibung
3 Teilnutzen-bestimmung	Für jede Alternative wird überprüft, in welchem Maße sie die Kriterien erfüllt.
4 Nutzwertermittlung	Für jede Alternative wird der Nutzwert ermittelt, dazu erfolgt die Zusammenfassung der ermittelten Teilnutzenwerte.
5 Beurteilung der Vorteilhaftigkeit	Es wird die Alternative mit dem höchsten Nutzwert ausgewählt.

Nutzwertermittlung:

$$N_i = \sum_{j=1}^{n} n_{ij} \times g_j \ (i = 1, ..., m)$$

N_i = Nutzwert einer Alternative i

n_{ij} = Teilnutzenwerte der Alternativen i bzgl. der Kriterien j

g_j = Kriteriengewichte

Personal

Die Bestimmung des Personalbedarfs als Scharnier zwischen Personal- und Unternehmensplanung erfolgt aufgrund von Informationen aus anderen Funktionsbereichen wie des Marketings und der Produktion.

Personalbedarfsermittlung

Ermittlung des Personalbedarfs

Einsatzbedarf (zur unmittelbaren Aufgabenerfüllung für bestehende Kapazitäten erforderliche Mitarbeiter mithilfe von Aufgabenanalyse und Stellenplan)

+ Neubedarf (Mitarbeiter, die zur unmittelbaren Aufgabenerfüllung für zusätzliche Kapazitäten erforderlich sind, mithilfe von Geschäftsfeldplan, Aufgabenanalyse, Stellenplan)

+ Reservebedarf (zur Überbrückung unvermeidbarer Ausfälle der benötigten Mitarbeiter z. B. bei Krankheit od. Urlaub mithilfe v. Krankenstatistiken und Urlaubsplan)

+ Ersatzbedarf (zum Ersatz von Abgängen erforderliches Personal, z. B. wegen Pensionierung, Kündigung, Versetzung, mithilfe von Statistiken über Ersatzbedarf, Laufbahnplanung)

− Freistellungsbedarf (zur Anpassung an geringere Beschäftigung zu verminderndes Personal mithilfe von Geschäftsfeldplan, Aufgabenanalyse, Stellenplan)

= Bruttopersonalbedarf im Zeitpunkt t_n (= Soll-Personalbestand in t_n)

− Personalbestand im Zeitpunkt t_0

+ Personalabgänge im Zeitraum t_0 bis t_n

   feststehende Abgänge (Pensionierungen, Kündigungen)

   statistisch zu erwartende Abgänge (Invalidität, Todesfälle, Fluktuation)

   Auswirkungen getroffener Entscheidungen (Versetzungen, Beförderungen)

   Personalzugänge (feststehende) im Zeitraum t_0 bis t_n

= Nettopersonalbedarf (zusätzlich (zum vorhandenen Personalbestand) notwendige Mitarbeiter unter Berücksichtigung der Fluktuation)

$$\text{Personalbedarf} = \frac{\text{Arbeitsmenge}}{\text{Leistungsfähigkeit/Mitarbeiter}}$$

$$\text{Personalbedarf} = \frac{\text{Arbeitsmenge} \times \text{Zeitbedarf pro Arbeitsvorgang}}{\text{übliche Arbeitszeit pro Arbeitskraft}}$$

Lohnformen

Zeitlohn

In der Praxis erscheint der Zeitlohn vor allem als Stunden-, Wochen- oder Monatslohn. Beim Zeitlohn verläuft der Verdienst des Mitarbeiters proportional zur Arbeitszeit, d. h. der Lohnsatz pro Zeiteinheit ist konstant.

Zeitlohn = Lohn pro Zeiteinheit (€/h) × Anzahl der Zeiteinheiten (h)

Akkordlohn

Der Akkordlohn (Zeit- oder Geldakkord) ist eine Vergütungsform, bei der sich die Höhe der Vergütung nach der Arbeitsleistung richtet.

Voraussetzungen für die Anwendung des Akkordlohns:

1 Die Arbeit muss sich regelmäßig wiederholen,
2 der Mitarbeiter muss die Leistung je Zeiteinheit beeinflussen können.

Zeitakkord

Zeitakkord = Stück/h × Vorgabezeit/Stück × Minutenfaktor

Minutenfaktor = Akkordrichtsatz ÷ 60 min
Akkordrichtsatz = tariflicher Mindestlohn + Akkordzuschlag

Geldakkord

Geldakkord = Stück/h × Geldfaktor

$$\text{Geldfaktor} = \text{Akkordrichtsatz} \div \text{Stückzahl (vorgegeben) oder}$$

$$\text{Geldfaktor} = \frac{\text{Akkordrichtsatz (€/h)}}{\text{Normalleistung (Stück/h)}}$$

Prämienlohn

Von Prämienlohn spricht man, wenn zum Grundlohn regelmäßig ein zusätzliches Entgelt in Form einer Prämie gewährt wird. Dabei kann man zwischen Einzel- und Gruppenprämien unterscheiden.

$$\text{Prämienlohn} = \text{Grundlohn} + \text{Prämie}$$

Mögliche Prämienarten:

1 Mengenleistungsprämien

2 Qualitätsprämien

3 Ersparnisprämien

4 Nutzungsgradprämien

5 Terminprämien

Kennzahlen Personalcontrolling

$$\text{Cashflow pro Mitarbeiter} = \frac{\text{Cashflow}}{\text{durchschnittlich Beschäftigte}}$$

$$\text{Fehlzeitenquote} = \frac{\text{Fehlzeiten (Tage/Stunden)}}{\text{Sollarbeitszeit (Tage/Stunden)}} \times 100$$

Die Fehlzeitquote zeigt, mit welcher Abwesenheit geplant werden muss.

$$\text{Fluktuationsquote} = \frac{\text{Anzahl der Austritte im Jahr}}{\text{durchschnittlich Beschäftigte}} \times 100$$

Die Personalfluktuationen sorgen für eine große Unsicherheit bei der Bestimmung des Nettopersonalbedarfs. Ein wichtiges personalpolitisches Ziel ist, die Fluktuationsrate möglichst niedrig zu halten.

$$\text{Pro-Kopf-Umsatz} = \frac{\text{Umsatz}}{\text{durchschnittlich Beschäftigte}}$$

$$\text{Krankheitsquote} = \frac{\text{Krankheitstage in einer Periode}}{\text{Sollarbeitstage einer Periode}}$$

$$\text{Personalkosten je Mitarbeiter} = \frac{\text{Personalkosten einer Periode}}{\text{durchschnittlich Beschäftigte}}$$

Personalmanagementkosten je Mitarbeiter

$$= \frac{\text{Gesamtpersonalmanagementkosten}}{\text{Anzahl der Mitarbeiter}}$$

$$\text{Lohnquote} = \frac{\text{Personalaufwand}}{\text{Leistung (Umsatz)}}$$

$$\text{Personalintensität} = \frac{\text{Personalaufwand}}{\text{gesamte Aufwendungen}} \times 100$$

Die Personalintensität zeigt das Verhältnis der Personalaufwendungen zu den gesamten Aufwendungen.

$$\text{Überstundenquote} = \frac{\text{Überstunden}}{\text{Normalstunden}} \times 100$$

Kennzahlen für Personalbeschaffung und –auswahl

$$\text{Ausbildungsplatzattraktivität} = \frac{\text{Anzahl Bewerber}}{\text{Anzahl Ausbildungsplätze}}$$

$$\text{Beschaffungs–/Auswahlkosten} = \frac{\text{Personal-Akquisitionskosten}}{\text{Anzahl der Eintritte}}$$

Effizienz der Personalbeschaffung

$$= \frac{\text{Bewerbungen (Vorstellungen/Einstellungen)}}{\text{Beschaffungsmaßname}}$$

$$\text{Einstellungsquote} = \frac{\text{abgeschlossene Arbeitsverträge}}{\text{Anzahl der Bewerbungen}} \times 100$$

Frühfluktuationsrate

$$= \frac{\text{aufgelöste Arbeitsverträge in der Probezeit}}{\text{Anzahl der Einstellungen}}$$

Grad der Personaldeckung

$$= \frac{\text{tatsächliche Einstellungen}}{\text{Anzahl benötigter Mitarbeiter}} \times 100$$

Interne Stellenbesetzung

$$= \frac{\text{Stellenbesetzung aus dem eigenen Haus}}{\text{Gesamtzahl der Stellenbesetzungen}}$$

Produktivität der Personalbeschaffung

$$= \frac{\text{Bewerbungen (Vorstellungen/Einstellungen)}}{\text{Beschaffungsmitarbeiter}}$$

$$\text{Vorstellungsquote} = \frac{\text{Vorstellungsgespräche}}{\text{Anzahl der Bewerbungen}} \times 100$$

Betriebswirtschaftliche Formeln Training

Das ist Ihr Nutzen

In einem Unternehmen müssen täglich zahlreiche Entscheidungen getroffen werden. Dieses Training soll Ihnen helfen, häufig benötigte Formeln für Unternehmensentscheidungen zu üben und einfach anzuwenden. Dabei soll auch das Verständnis für eine gute Zusammenarbeit zwischen den elementaren Unternehmensbereichen wie Marketing/Vertrieb, Controlling und Materialwirtschaft verbessert werden.

Das Training hat fünf Themenschwerpunkte. Zunächst werden die häufig benötigten Kalkulationsverfahren behandelt. Im zweiten Teil werden Ihnen Hilfestellungen zur Entscheidungsfindung im Unternehmen gegeben, wie z. B. die Festlegung des optimalen Produktionsprogramms. Im dritten Kapitel lernen Sie die Berechnung von Lager- und Beschaffungskennziffern für die Optimierung der Materialwirtschaft kennen. Der vierte Teil widmet sich den Schlüsselkennziffern wie Rentabilität und Liquidität, die zur erfolgreichen Unternehmenssteuerung eingesetzt werden. Im fünften Kapitel werden die Methoden der Investitionsrechnung dargestellt.

Das Training ist besonders geeignet für Fach- und Führungskräfte, die sich in betriebswirtschaftlichen Fragestellungen weiterbilden oder ihre Kenntnisse auffrischen möchten. Des Weiteren stellt es eine ideale Ergänzung für Studenten im Grundstudium dar, die beabsichtigen, ihr Wissen anhand von Übungsaufgaben zu überprüfen.

Kostenrechnung

In diesem Kapitel üben Sie

- die Ermittlung der Herstellkosten,
- die Ermittlung der Selbstkosten in Form der differenzierenden Zuschlagskalkulation,
- die Berechnung der Zuschlagssätze,
- die Maschinenstundensatzrechnung,
- die Ermittlung der Fertigungskosten,
- die Preiskalkulation und
- die Deckungsbeitragsrechnung.

Darum geht es in der Praxis

Bei der differenzierenden Zuschlagskalkulation werden die Gemeinkosten in die Bereiche Material, Fertigung, Verwaltung und Vertrieb aufgespalten. Diese werden über mehrere Zuschlagssätze auf die jeweiligen Kostenträger verteilt. Um diese Art der Zuschlagskalkulation durchführen zu können, ist eine ausgebaute Kostenstellenrechnung notwendig. Dieses Verfahren führt zu relativ genauen Ergebnissen und kann außer bei Kuppelprodukten universell eingesetzt werden.

Da sich mit der Kalkulation über Zuschlagssätze die indirekten Kosten nur bedingt verursachungsgerecht verteilen lassen, werden Teile dieser Fertigungskosten mit der Maschinenstundensatzrechnung, die in drei Schritten erfolgt, ermittelt.

Mit der Deckungsbeitragsrechnung als Entscheidungsrechnung können beispielsweise betriebswirtschaftliche Fragen beantwortet werden wie:

- Wo liegt der Break-even-Point?
- Wann sollte ein Produkt aus dem Produktionsprogramm genommen werden?
- Welche zusätzlichen Aufträge sollten vom Unternehmen angenommen werden?

Zuschlagskalkulation

Differenzierende Zuschlagskalkulation

Übung 1
🕐 **6 min**

Ein Unternehmen erhält einen Auftrag und kalkuliert mit den folgenden Daten:

- Materialeinzelkosten (MEK)   = 10.000 €
- Fertigungseinzelkosten (FEK)   = 5.800 €
- Sondereinzelkosten der Fertigung (SEKF)   = 330 €
- Materialgemeinkostensatz (MGK-Satz)   = 10 %
- Fertigungsgemeinkostensatz (FGK-Satz)   = 65 %
- Verwaltungsgemeinkostensatz (VwGK-Satz)   = 15 %
- Vertriebsgemeinkostensatz (VtGK-Satz)   = 10 %

Ermitteln Sie die Selbstkosten für diesen Auftrag.

Lösungstipp

Orientieren Sie sich an dem folgenden Schema.

MEK	Materialkosten (MK)	Herstellkosten (HK)	Selbstkosten (SK)
MGK			
FEK	Fertigungskosten (FK)		
FGK			
SEKF			
VwGK			
VtGK			
SEKVt (Sondereinzelkosten des Vertriebs)			

Lösung

Die Selbstkosten des Auftrags werden mithilfe der differenzierenden Zuschlagskalkulation berechnet.

	MEK		10.000 €
+	MGK	10.000 € × 0,1	+ 1.000 €
+	FEK		+ 5.800 €
+	FGK	5.800 € × 0,65	+ 3.770 €
+	SEKF		+ 330 €
=	**Herstellkosten**		**= 20.900 €**
+	VwGK	20.900 € × 0,15	+ 3.135 €
+	VtGK	20.900 € × 0,1	+ 2.090 €
=	**Selbstkosten**		**= 26.125 €**

Praxistipp

Die Zurechnung der Gemeinkosten ist kritisch zu bewerten, da diese in der Praxis sich oftmals nicht proportional zu ihrer Zuschlagsbasis verhalten. Mit zunehmender Automatisierung und der daraus folgenden Abnahme an zurechenbaren Fertigungseinzelkosten (z. B. Lohneinzelkosten) kann es zu einem Anstieg der Gemeinkosten kommen. Dies führt dazu, dass Zuschlagssätze von mehr als 1.000 Prozent eingesetzt werden. Eine Verbesserung der Zuschlagsbasis durch eine weiter gehende Differenzierung oder durch den Einsatz der Maschinenstundensatzkalkulation kann helfen, dieses Problem zu lösen.

Differenzierende Zuschlagskalkulation

Übung 2

🕐 **6 min**

Ein Produkt durchläuft bei der Herstellung die beiden Fertigungsstraßen F1 und F2. Folgende Zuschlagssätze wurden im Rahmen der Kostenstellenrechnung ermittelt:

- Fertigungsgemeinkostensatz von F1 (FGK von F1) = 250 %
- Fertigungsgemeinkostensatz von F2 (FGK von F2) = 250 %
- Materialgemeinkostensatz (MGK-Satz)   = 20 %
- Vertriebsgemeinkostensatz (VtGK-Satz)   = 5 %
- Verwaltungsgemeinkostensatz (VwGK-Satz)   = 5 %
- Materialeinzelkosten (MEK)   = 5 €
- Lohneinzelkosten in F1 (FEK1)   = 8 €
- Lohneinzelkosten in F2 (FEK2)   = 8 €
- Sondereinzelkosten der Fertigung (SEKF)   = 6 €
- Sondereinzelkosten des Vertriebs (SEKVt)   = 3 €

Ermitteln Sie anhand dieser Angaben die Herstellkosten und die Selbstkosten für das Produkt pro Stück.

Lösungstipp

Für das Lösen dieser Aufgabe können Sie das Schema von Übung 1 benutzen.

Lösung

	MEK		5,00 €
+	MGK	5,00 € × 0,2	+ 1,00 €
+	Lohneinzelkosten F1 (FEK1)		+ 8,00 €
+	FGK von F1	8,00 € × 2,5	+ 20,00 €
+	Lohneinzelkosten F2 (FEK2)		+ 8,00 €
+	FGK von F2	8,00 € × 2,5	+ 20,00 €
+	SEKF		+ 6,00 €
=	**Herstellkosten**		**= 68,00 €**
+	VwGK	68,00 € × 0,05	+ 3,40 €
+	VtGK	68,00 € × 0,05	+ 3,40 €
+	SEKVt		+ 3,00 €
=	**Selbstkosten**		**= 77,80 €**

Die Herstellkosten pro Stück betragen 68,00 € und die Selbstkosten für das Produkt pro Stück betragen 77,80 €.

Praxistipps

- Zur Ermittlung der Kalkulationssätze im Verwaltungs- und Vertriebsbereich werden die Herstellkosten als Bezugsgröße herangezogen. Die Herstellkosten ergeben sich aus der Addition der Material- und der Fertigungskosten. Die Herstellkosten dürfen nicht mit den Herstellungskosten verwechselt werden.

- Für die Kalkulation der Selbstkosten wird das Kalkulationsschema der Vollkostenrechnung angewandt.

Ermittlung von Zuschlagssätzen

Übung 3
🕐 **12 min**

Anhand der differenzierenden Zuschlagskalkulation will ein Unternehmen ein bereits in der Produktion befindliches Produkt nochmals durchkalkulieren. In der vorangegangenen Periode betrugen die Fertigungslöhne 50.000 € und das Fertigungsmaterial 200.000 €; laut Betriebsabrechnungsbogen betrugen die Endkosten der Materialkostenstelle 40.000 €, die der Fertigungskostenstelle 45.000 €, die der Verwaltungskostenstelle 134.000 € und die der Vertriebskostenstelle 67.000 €. Die Einzelkosten setzen sich aus 500 € Fertigungslohn und 1.200 € Fertigungsmaterial zusammen.

Ermitteln Sie den Fertigungsgemeinkostenzuschlagssatz, den Materialgemeinkostenzuschlagssatz sowie die Herstell- und die Selbstkosten des zu fertigenden Produkts.

Lösungstipps

- Die Material- und Fertigungsgemeinkostensätze berechnen sich wie folgt:

$$\text{MGK - Satz} = \frac{\text{MGK}}{\text{MEK}} \times 100 \qquad \text{FGK - Satz} = \frac{\text{FGK}}{\text{FEK}} \times 100$$

- Der Verwaltungs- und Vertriebsgemeinkostensätze werden wie folgt berechnet:

$$\text{VwGK - Satz} = \frac{\text{VwGK}}{\text{HK}} \times 100 \qquad \text{VtGK - Satz} = \frac{\text{VtGK}}{\text{HK}} \times 100$$

Lösung

$$MGK - Satz = \frac{40.000 \text{ €}}{200.000 \text{ €}} \times 100 = 20\%$$

$$FGK\text{-}Satz = \frac{45.000 \text{ €}}{50.000 \text{ €}} \times 100 = 90\%$$

Ermittlung der Herstellkosten:

	MEK	200.000 €
+	MGK	+ 40.000 €
+	FEK	+ 50.000 €
+	FGK	+ 45.000 €
=	**Herstellkosten**	**= 335.000 €**

$$VwGK - Satz = \frac{134.000 \text{ €}}{335.000 \text{ €}} \times 100 = 40\%$$

$$VtGK\text{-}Satz = \frac{67.000 \text{ €}}{335.000 \text{ €}} \times 100 = 20\%$$

Ermittlung der Selbstkosten:

	MEK		1.200 €
+	MGK	1.200 € × 0,2	+ 240 €
+	FEK		+ 500 €
+	FGK	500 € × 0,9	+ 450 €
=	**Herstellkosten**		**= 2.390 €**
+	VwGK	2.390 € × 0,4	+ 956 €
+	VtGK	2.390 € × 0,2	+ 478 €
	Selbstkosten		**= 3.824 €**

Die Selbstkosten pro Stück betragen 3.824 €.

Ermittlung der Selbstkosten pro Stück

Übung 4
🕐 **12 min**

Es gelten die gleichen Angaben zu den Kostenträgern und Kostenstellen wie unter Übung 3. Jedoch muss diesmal eine Bestandsminderung an Fertigerzeugnissen von 25.000 € mit eingerechnet werden. Wie hoch sind die Selbstkosten des zu fertigenden Produkts pro Stück?

Lösungstipps

- Durch die Verwaltung eines Unternehmens entstehen Verwaltungsgemeinkosten. Sie zählen nicht zu den Herstell-, sondern zu den Selbstkosten. Die Herstellkosten bilden für diese Kosten die Zuschlagsbasis. Wählt man als Bezugsgröße für die VwGK keine absatzbezogene Größe, müssen die Lagerbestandsveränderungen neben den Herstellkosten auch anteilige Verwaltungskosten mittragen.

- Die durch den Vertrieb anfallenden Kosten werden ebenfalls nicht zu den Herstellkosten, sondern zu den Selbstkosten gezählt. Gemäß dem Kausalitätsprinzip werden die Vertriebskosten nur auf die abgesetzten, nicht jedoch auf die im Lager liegenden Produkte umgelegt. Denn noch nicht verkaufte Produkte haben noch keine Vertriebskosten verursacht. Die Verwaltungs- und Vertriebsgemeinkostensätze werden wie folgt ermittelt:

$$\text{VwGK - Satz} = \frac{\text{VwGK}}{\text{HKdP}} \times 100 \qquad \text{VtGK - Satz} = \frac{\text{VtGK}}{\text{HKdU}} \times 100$$

Lösung

Die Material- und Fertigungsgemeinkostensätze bleiben dieselben wie in der Übung 3. Jedoch ändern sich die Herstellkosten des Umsatzes (HKdU), die neu berechnet werden müssen. Mit den HkdU werden dann die Vertriebsgemeinkostensätze (VtGKs) berechnet.

	MEK	200.000 €
+	MGK	+ 40.000 €
+	FEK	+ 50.000 €
+	FGK	+ 45.000 €
=	**Herstellkosten der Produktion (HKdP)**	**= 335.000 €**
+	Bestandsminderungen $V_{fert.}$	+ 25.000 €
=	**Herstellkosten des Umsatzes**	**= 360.000 €**

$$\text{VwGK-Satz} = \frac{\text{VwGK}}{\text{HKdP}} = \frac{134.000\ €}{335.000\ €} \times 100 = 40,00\ \%$$

$$\text{VtGK-Satz} = \frac{\text{VtGK}}{\text{HKdU}} = \frac{67.000\ €}{360.000\ €} \times 100 = 18,61\ \%$$

	MEK		1.200,00 €
+	MGK	1.200 € × 0,2	+ 240,00 €
+	FEK		+ 500,00 €
+	FGK	500 € × 0,9	+ 450,00 €
=	**Herstellkosten**		**= 2.390,00 €**
+	VwGK	2.390 € × 0,4	+ 956,00 €
+	VtGK	2.390 € × 0,1861	+ 444,81 €
=	**Selbstkosten**		**= 3.790,81 €**

Maschinenstundensatzrechnung

Maschinenstundensatz   Übung 5
🕐 **10 min**

Für die Abrechnungsperiode sind folgende Daten eines Maschinenplatzes bekannt:

– Schichtlänge (T):   8,0 Std. pro Einsatztag

– Einsatztage (d):   150 Tage (Ausfallzeiten eingerechnet)

– Fixe Fertigungsgemeinkosten (FGK_{fix}):   600.000 €

– Variable Fertigungsgemeinkosten (FGK_{var}):   180.000 €

Ebenfalls ermittelt wurden:

– Fertigungslöhne (FL_{total}):   80.000 €

– Rest-Fertigungsgemeinkosten (RFGK):   40.000 €

- Wie hoch ist der Maschinenstundensatz k_{Masch} bei Einschichtbetrieb?

- Kalkulieren Sie die Kosten eines Fertigungsloses (Maschinenstundensatz- und Zuschlagskalkulation) unter folgenden Bedingungen: Fertigungslohn (FL_{Los}): = 3.000 €, Maschinenbelegung (b) = 1.200 min.

- Wie hoch ist der Maschinenstundensatz bei Ausweitung der Schichtlänge um zwei Stunden? Alle anderen gegebenen Werte bleiben gleich.

- Auf welchen Betrag haben sich die Kosten des Fertigungsloses jetzt verändert?

Lösungstipp

Der Maschinenstundensatz gibt die Kosten einer Anlage oder Maschine je Fertigungsstunde an. Zur Ermittlung des Maschinenstundensatzes wird der Quotient aus den Maschinenkosten und der Maschinenlaufzeit je Periode gebildet.

$$\text{Maschinenstundensatz} = \frac{\text{Maschinenkosten}}{\text{Maschinenlaufzeit}}$$

Lösung

$$k_{Masch} = \frac{FGK_{fix} + FGK_{var}}{T \times d}$$

$$k_{Masch} = \frac{600.000\ € + 180.000\ €}{8\ h \times 150\ \text{Tage}} = 650\ €/h$$

Der Maschinenstundensatz beträgt 650 €/Stunde.

	FEK = FL$_{Los}$		3.000 €/Los
+	$k_{MLOS} = k_{Masch} \times b$	650 €/h × 20 h =	13.000 €/Los
+	RFGK$_{Los}$ = $\dfrac{FL_{Los}}{FL_{total}} \times RGFK_{Los}$	$\dfrac{3.000\ €}{80.000\ €} \times 40.000\ € =$	1.500 €/Los
=	Fertigungskosten$_{Los}$ =		17.500 €/Los

$$k_{Masch\ neu} = \frac{FGK_{fix} + FGK_{var\ neu}}{T_{neu} \times d}$$

$$k_{Masch\,neu} = \frac{600.000\ \text{€} + 225.000\ \text{€}}{10\ \text{h} \times 150\ \text{Tage}} = 550\ \text{€/h}$$

	FEK = FL_{Los}		3.000 €/Los
+	$k_{MLOS} = k_{Masch} \times b$	550 €/h × 20 h =	11.000 €/Los
+	$RFGK_{Los} =$ $\dfrac{FL_{Los}}{FL_{total}} \times RGFK_{Los}$	$\dfrac{3.000\ \text{€}}{80.000\ \text{€}} \times 40.000\ \text{€} =$	1.500 €/Los
=	Fertigungskosten$_{Los}$ =		15.500 €/Los

Praxistipps:

- Bei der Maschinenstundensatzrechnung werden die maschinenabhängigen Kosten von den Fertigungsgemeinkosten getrennt. Somit werden die Kosten entsprechend der Inanspruchnahme der Maschine verrechnet. Dies bedeutet einen höheren Aufwand und damit auch eine höhere Genauigkeit und eine verursachungsgerechte Zuteilung der Kosten.

- Die Maschinenstundensatzrechnung findet insbesondere dann Anwendung, wenn in einer Kostenstelle unterschiedliche Maschinen stehen. Sie wird bei kapitalintensiven Fertigungsprozessen gerne dann angewendet, wenn die Maschinenkosten einen hohen Anteil an den Fertigungsgemeinkosten ausmachen und somit der Zusammenhang zwischen der Höhe des aufgewandten Fertigungslohns und dem Anfall von Fertigungsgemeinkosten verloren geht.

- **Maschinenlaufzeit:**
  Sie ist die Zeit, die die Maschine für die Produktion in einer Periode in Anspruch genommen wird. Um die Maschinenlaufzeit (Nettoproduktionszeit) zu ermitteln, werden von der Planbelegungszeit die Verfügbarkeits-, Leistungs- und Qualitätsverluste abgezogen. Die Planbelegungszeit ergibt sich aus der Gesamtverfügbarkeit abzüglich aller arbeitsfreien Tage und der geplanten Instandhaltung. Sie ist die geplante Laufzeit der Maschine. Da die Maschinenkosten meist pro Periode (i. d. R. ein Jahr) ermittelt werden, ist es hilfreich, die Maschinenlaufzeit pro Periode zu berechnen.

- **Maschinenkosten:**
  Im Regelfall lassen sich folgende Kostenarten maschinenbezogen abgrenzen:
  - kalkulatorische Abschreibungen K_A
  - kalkulatorische Zinsen K_Z
  - Instandhaltungskosten K_I
  - Raumkosten K_R
  - Energiekosten K_E
  - Werkzeug-, Vorrichtungs- oder Versicherungskosten K_W

- **Vorteile der Maschinenstundensatzrechnung:**
  - Sie führt zu einer der Kostenverursachung entsprechenden Abrechnung der Leistung.
  - Sie zwingt zu einer Kapazitäts- und Kostenplanung.
  - Sie bietet eine gute Voraussetzung für Wirtschaftlichkeitsrechnungen.
  - Sie ist verhältnismäßig leicht einzuführen.

Ermittlung der Fertigungskosten

Übung 6
🕐 **10 min**

Auf einer Maschine werden zwei Produkte (A und B) gefertigt. Folgende Daten sind bekannt:

— Maschinenlaufzeit:	16 h/Tag
— Arbeitstage pro Periode:	230 Tage
— Fertigungslöhne pro Periode:	240.000 €
— Fertigungszeit Produkt A:	0,5 h/St.
— Stückzahl A pro Periode:	3.360 St.
— Stückzahl B pro Periode:	12.000 St.
— Restfertigungsgemeinkosten:	150.000 €
— Maschinenkosten pro Periode:	1.840.000 €

Ermitteln Sie die Fertigungskosten für beide Produkte.

Lösungshinweise

Die Fertigungskosten eines Produkts werden nach dem folgenden Schema berechnet.

Fertigungseinzelkosten (FEK)

+   maschinenabhängige Gemeinkosten (k_{Masch})

+   Restfertigungsgemeinkosten in % der FEK (RFGK)

+   Sondereinzelkosten der Fertigung (SEKF)

=   **Fertigungskosten (FK)**

Lösung

Maschinenlaufzeit je Periode: 16 h × 230 Tage = 3.680 h

Fertigungslohn pro Stunde: $\dfrac{240.000 \,€}{3.680 \, h}$ = 65,22 €/h

Berechnung der Fertigungszeit für Produkt B:

(3.360 St. × 0,5 h + 12.000 St. × T_B) = 3.680 h

$$T_B = \frac{3.680 \, h - \left(3.360 \, St. \times 0,5 \, h/St.\right)}{12.000 \, St.} = \frac{1}{6} \, h/St.$$

Berechnung der Restfertigungsgemeinkosten:

$$RFGK\text{-}Satz = \frac{\text{Restfertigungs-}}{\text{gemeinkosten}}{\text{Einzelkosten}} = \frac{150.000 \,€}{240.000 \,€} \times 100 = 62,5 \,\%$$

RFGK = 0,625 × 65,22 €/h = 40,76 €/h

Berechnung des Maschinenstundensatzes:

$$k_{Masch} = \frac{1.840.000 \,€}{3.680 \, h} = 500 \,€/h$$

	Produkt A	**Produkt B**
Fertigungslohn pro Stück	32,61 €/St.	10,87 €/St.
+ k_{Masch} pro Stück	250,00 €/St.	83,33 €/St.
+ RFGK pro Stück	20,38 €/St.	6,79 €/St.
= Fertigungskosten pro Stück	**302,99 €/St.**	**100,99 €/St.**

Preiskalkulation

Zur Ermittlung des Verkaufspreises müssen zu den Selbstkosten noch der Gewinnaufschlag, das Kundenskonto, der Kundenrabatt, die Umsatzsteuer und gegebenenfalls noch Verkäuferprovisionen hinzugezählt werden.

Berechnung des Verkaufspreises

Übung 7
🕐 **8 min**

Folgende Zahlen für ein Produkt, das ein Unternehmen selbst vertreibt, liegen Ihnen vor:

— Selbstkosten: 100 €

— Gewinnaufschlag: 5 %

— Gewährtes Skonto: 3 %

— Rabatt: 5 %

— Umsatzsteuer: 16 %

Ermitteln Sie den Bruttoverkaufspreis.

Das „Target Costing" hat einen möglichen Verkaufspreis von 123,90 € pro Stück ergeben. Welche Möglichkeiten haben Sie, das Produkt zu diesem Betrag anzubieten? Welcher maximale Gewinnaufschlag ist möglich?

Lösungstipp

Das Kundenskonto wird in Prozent vom Zielverkaufspreis und der Kundenrabatt in Prozent vom Netto-Listenverkaufspreis (NLVP) ermittelt.

Lösung

Der Bruttoangebotspreis wird folgendermaßen ermittelt:

	Selbstkosten (SK)	100,00 €/St.
+	Gewinnaufschlag (5 %)	+ 5,00 €/St.
=	Nettobarverkaufspreis (NBVP)	= 105,00 €/St.
+	Kundenskonto (3 %)	+ 3,25 €/St.
=	Zielverkaufspreis (ZVP)	= 108,25 €/St.
+	Kundenrabatt (5 %)	+ 5,70 €/St.
=	Netto-Listenverkaufspreis (NLVP)	= 113,95 €/St.
+	Umsatzsteuer (19%)	+ 21,65 €/St.
=	**Bruttoangebotspreis**	**= 135,60 €/St.**

Um den Angebotspreis von 123,90 € pro Stück erreichen zu können, muss auf den Kundenrabatt und die Skontogewährung verzichtet werden. Der Gewinnaufschlag muss reduziert werden.

	Bruttoangebotspreis	123,90 €/St.
–	Umsatzsteuer (19 %)	– 19,78 €/St.
=	Netto-Listenverkaufspreis	= 104,12 €/St.
–	Gewinnaufschlag (4,12 %)	– 4,12 €/St.
=	**Selbstkosten (SK)**	**= 100,00 €/St.**

Es ist ein maximaler Gewinnaufschlag von 4,12 % möglich.

Deckungsbeitragsrechnung

Der Deckungsbeitrag ist der Betrag, den ein Produkt zur Deckung der Fixkosten und zur Erzielung des Nettogewinns leistet.

Deckungsbeitrag
Übung 8
🕐 **2 min**

Ein Unternehmer hatte im vergangenen Jahr Gesamtkosten von 150.000 €. Davon waren 50 % fixe und 50 % variable Kosten. Insgesamt hatte er Gesamterlöse von 165.000 €. Berechnen Sie den Deckungsbetrag des vergangenen Jahres.

Annahme von Zusatzaufträgen
Übung 9
🕐 **4 min**

Einem Unternehmen liegen zwei Anfragen von Zusatzaufträgen vor. Die erste Anfrage beinhaltet die Lieferung von 5.000 Stück des Produkts A mit einem Stückdeckungsbeitrag von 5 €. Bei der zweiten Anfrage sind 4.000 Stück des Produkts B mit einem Stückdeckungsbeitrag von 6 € zu liefern. Mit den vorhandenen Kapazitäten kann lediglich einer der beiden Aufträge angenommen werden.

Welcher der beiden Aufträge weist den höheren Deckungsbeitrag auf und soll daher angenommen werden?

Lösung von Übung 8

Der Deckungsbeitrag im vergangenen Jahr errechnet sich als Differenz zwischen den Gesamterlösen und den gesamten variablen Kosten im vergangenen Jahr, also:

Deckungsbeitrag = 165.000 € - 75.000 € = 90.000 €.

Lösung von Übung 9

Deckungsbeitrag Auftrag I: 5.000 St. × 5 €/St. = 25.000 €

Deckungsbeitrag Auftrag II: 4.000 St. × 6 €/St. = 24.000 €

Es sollte Anfrage I angenommen werden, da sich hieraus ein höherer Deckungsbeitrag als bei der Anfrage II ergibt.

Praxistipp

Unternehmen, die mehrere Produkte oder Produktarten produzieren, wenden häufig die mehrstufige Deckungsbeitragsrechnung an. Dadurch kann der wirtschaftliche Produkterfolg unter weitgehender Einhaltung des Verursacherprinzips ermittelt werden. Die mehrstufige Deckungsbeitragsrechnung weist gegenüber der einstufigen (dem Direct Costing) einige Stärken auf, z. B.:

- gute Eignung vor allem für kurzfristige Entscheidungen,
- Hinweise auf Entscheidungserfordernisse bei langfristigen Entscheidungen,
- relative Stückdeckungsbeiträge eignen sich insbesondere zur Optimierung kurzfristiger Engpassentscheidungen.

Mehrstufige Deckungsbeitragsrechnung

Übung 10
🕐 **15 min**

Ein Unternehmen der Hausgeräteindustrie stellt in einem Werk sowohl Waschmaschinen als auch Wäschetrockner her. Dazu sind folgende Informationen gegeben:

Produkte	W1	W2	T1	T2
Verkaufserlös [€/St.]	800	700	600	450
Materialeinzelkosten [€/St.]	400	330	220	100
Fertigungseinzelkosten [€/St.]	20	35	40	35
variable Gemeinkosten [€/St.]	80	75	70	65
Absatzmenge [Tsd. St./Jahr]	400	250	300	100
Erzeugnisfixkosten [Mio. €/Jahr]	40	20	30	40
Erzeugnisgruppenfixkosten [Mio. €/Jahr]	50		20	
Unternehmensfixkosten [Mio. €/Jahr]		30		

Ermitteln Sie im Rahmen der mehrstufigen Deckungsbeitragsrechnung das Betriebsergebnis.

Lösungstipps

- Um den Deckungsbeitrag I zu ermitteln, müssen Sie zunächst die variablen Kosten je Produkt berechnen. Diese variablen Stückkosten ziehen Sie dann vom Verkaufserlös ab. Als Ergebnis erhalten Sie den Stückdeckungsbeitrag I.

- Allgemeine Vorgehensweise bei der mehrstufigen Deckungsbeitragsrechnung:

      Erlöse
  −   variable Kosten
  =   **Deckungsbeitrag I**

- Erzeugnisfixkosten
= **Deckungsbeitrag II**
- Deckungsbeitrag der Gruppen
- Erzeugnisgruppenfixkosten
= **Deckungsbeitrag III**
- Deckungsbeitrag der Bereiche
- Bereichsfixkosten
= **Deckungsbeitrag IV**
- Deckungsbeitrag des Unternehmens
- Unternehmensfixkosten
= **Betriebsergebnis**

Lösung

		Produkte	W1	W2	T1	T2
1		Verkaufserlös [€/St.]	800	700	600	450
2	–	Materialeinzelkosten (€/St.)	400	330	220	100
3	–	Fertigungseinzelkosten (€/St.)	20	35	40	35
4	–	variable Gemeinkosten [€/St.]	80	75	70	65
5	2 + 3 + 4	variable Stückkosten [€/St.]	500	440	330	200
6	1 – 5	Stückdeckungsbeitrag I [€/St.]	300	260	270	250
7		Absatzmenge [Tsd. St./Jahr]	400	250	300	100
8	6 × 7	DB I je Erzeugnis [Mio. €/Jahr]	120	65	81	25
9		Erzeugnisfixkosten [Mio. €/Jahr]	40	20	30	40
10	8 – 9	DB II je Erzeugnis [Mio. €/Jahr]	80	45	51	–15
11	8 – 9	DB II je Erzeugnisgruppe [Mio. €/Jahr]	125		36	
12		Erzeugnisgruppenfixkosten [Mio. €/Jahr]	50		20	
13	11 – 12	DB III je Erzeugnisgruppe [Mio. €/Jahr]	75		16	
14		DB III gesamt [Mio. €/Jahr]	91			
15		Unternehmensfixkosten	30			
16	14 – 15	**Betriebsergebnis [Mio. €/Jahr]**	**61**			

Das Produkt T2 weist einen negativen Deckungsbeitrag II auf
und sollte deshalb, sofern es nicht strategisch wichtig ist, aus
dem Produktprogramm gestrichen werden. Hierbei ist zu

beachten, dass bei einer Streichung die Erzeugnisgruppenfix-kosten von 20 Mio. € trotzdem anfallen werden.

Gewinnmaximierung   Übung 11
🕐 **8 min**

In einem Unternehmen werden drei Produkte hergestellt:

Produkt A: Stück-DB =   4 €, maximaler Absatz: 10.000 Stück;

Produkt B: Stück-DB = 10 €, maximaler Absatz: 5.000 Stück;

Produkt C: Stück-DB =   6 €, maximaler Absatz: 8.000 Stück.

Zur Herstellung der drei Produkte wird eine Maschine mit einer Kapazität von 3.000 Stunden eingesetzt. Die Produktionszeit der drei Produkte verteilt sich wie folgt: Produkt A: 10 Minuten pro Stück, Produkt B: 50 Minuten pro Stück und Produkt C: 20 Minuten pro Stück.

Welche Produkte sollten mit welcher Stückzahl produziert werden, um den Gewinn zu maximieren?

Lösung 11

Berechnung der relativen Stückdeckungsbeiträge (db_{rel}):

– Produkt A: db_{Arel}:   4 €: 10 min = 0,4 €/min
– Produkt B: db_{Brel}:   10 €: 50 min = 0,2 €/min
– Produkt C: db_{Crel}:   6 €: 20 min = 0,3 €/min

Durch den höchsten relativen Stückdeckungsbeitrag hat Produkt A bei der Produktion Vorrang vor den Produkten C und B. Die Produktionsreihenfolge ist somit: A, C, B.

Die Engpasskapazität der Maschine beträgt insgesamt 3.000 h = 180.000 min. Zunächst wird die maximal mögliche Absatzmenge von Produkt A hergestellt:

– Produkt A: 10.000 St. × 10 min = 100.000 min

Somit können noch weitere 80.000 Minuten der Maschine zur Produktion des Produkts mit dem nächsthöheren relativen Stückdeckungsbeitrag verwendet werden.

– Produkt C: 80.000 min : 20 min/St. = 4.000 St.

Das gewinnmaximale Produktionsprogramm lautet:

Produkt A: 10.000 St.,

Produkt C: 4.000 St. und

Produkt B: 0 St.

Controlling/Unternehmensentscheidungen

In diesem Kapitel lernen Sie:

- Make-or-Buy-Entscheidungen fällen,
- das optimale Produktionsprogramm festlegen,
- die Break-even-Analyse durchführen,
- Kennzahlen des Vertriebscontrolling anwenden,
- Fertigungskennzahlen berechnen und
- die Durchlaufzeiten überprüfen.

Darum geht es in der Praxis

Aufgrund der Globalisierung und dem damit verbundenen verschärften Wettbewerb kann ein Unternehmen nur dann erfolgreich gegenüber seinen Konkurrenten bestehen, wenn es die Controllinginstrumente zielorientiert einsetzt.

Bei der Planung der optimalen Betriebs- und Fertigungsstrukturen geht es häufig um die Frage, ob und in welchem Umfang Produkte und Dienstleistungen selbst hergestellt oder extern bezogen werden sollen. Fragestellungen in diesem Zusammenhang sind beispielsweise die folgenden:

- Sollen Baugruppen und Produktionskomponenten selbst hergestellt werden oder ist eine reine Montagefertigung sinnvoller?
- Sollen Werkzeuge gekauft oder selbst hergestellt werden?
- Soll eine eigene Werbeabteilung eingerichtet oder eine Werbeagentur beauftragt werden?

Da sich die Zusammensetzung des Produktprogramms eines Unternehmens entscheidend auf den Gewinn auswirkt, ist die grundlegende Fragestellung die nach einem gewinnoptimalen Produktionsprogramm.

Eine Schwachstellenanalyse beispielsweise mithilfe des Produktions- und Vertriebscontrolling dient darüber hinaus zur Unterstützung und Verbesserung der Unternehmensentscheidungen.

Eigenfertigung oder Fremdbezug?

Make–or–Buy–Entscheidung ohne Kapazitätsengpass

Übung 12
🕐 2 min

Ein Unternehmen produziert drei verschiedene Produkte P1, P2 und P3. Es liegt kein Engpass vor. Die Ausgangssituation:

Produkt	Fremdbezugspreis p_{Fremd}	var. Stückkosten k_{var}
P1	80 €/Stück	75 €/Stück
P2	69 €/Stück	82 €/Stück
P3	45 €/Stück	47 €/Stück

Bei welchen Produkten ist die Eigenfertigung sinnvoll und bei welchen wäre ein Fremdbezug vorteilhafter?

Lösungstipps

Diese betriebliche Beschäftigungssituation ist dadurch gekennzeichnet, dass kein Produktionsfaktor knapp ist und die vorhandene Ausstattung mit Betriebsmitteln für die Eigenfertigung ausreicht. Für die Entscheidung Eigenfertigung oder Fremdbezug vergleicht man die variablen Stückkosten k_{var} der Eigenfertigung mit dem Fremdbezugspreis p_{Fremd}.

$k_{var} > p_{Fremd}$ → Fremdbezug vorteilhaft

$k_{var} < p_{Fremd}$ → Eigenfertigung vorteilhaft

$k_{var} = p_{Fremd}$ → qualitative Aspekte

Liegt kein Engpass vor, so sollten alle Produkte mit positivem Stückdeckungsbeitrag selbst hergestellt werden.

Lösung

Durch Vergleich der variablen Stückkosten k_{var} der Eigenfertigung mit dem Fremdbezugspreis p_{Fremd} der Produkte P1 bis P3 ergibt sich folgende Situation:

Produkt	p_{Fremd}		k_{var}		Empfehlung
P1	80 €/St.	>	75 €/St.	→	Eigenfertigung
P2	69 €/St.	<	82 €/St.	→	Fremdbezug
P3	45 €/St.	<	47 €/St.	→	Fremdbezug

Es sollte nur das Produkt P1 selbst gefertigt werden. Die Produkte P2 und P3 sollten zugekauft werden.

Praxistipp

- Bestehen in einem Betrieb noch freie Kapazitäten, so stellt sich die Frage, ob es eventuell besser ist, bisher bezogene Produkte oder Fertigteile selbst herzustellen. Solange die variablen Kosten geringer sind als die Einkaufspreise der infrage kommenden Produkte, ist es empfehlenswert, die Produkte selbst herzustellen.

- Bei Vollbeschäftigung sollten die Produkte dann fremdbezogen werden, wenn der Beschaffungspreis unterhalb der variablen Kosten plus den zusätzlich eventuell erforderlichen Fixkosten pro Stück liegt.

Make-or-Buy-Entscheidung mit einem Kapazitätsengpass

Übung 13

🕐 **15 min**

Ein Unternehmen produziert vier verschiedene Produkte P1 bis P4, die alle eine bestimmte Maschine (Gesamtkapazität: 22.250 min) in Anspruch nehmen.

Die Ausgangssituation:

Produkt	Menge (X)	Zeit (t)	p_{Fremd}	k_{var}
P1	300 St.	20 min/St.	29 €/St.	27 €/St.
P2	550 St.	25 min/St.	28 €/St.	23 €/St.
P3	700 St.	15 min/St.	37 €/St.	40 €/St.
P4	650 St.	10 min/St.	45 €/St.	41 €/St.

Welche Produkte sollen fremdbezogen und welche selbst gefertigt werden?

Lösungstipps

- Ermitteln Sie diejenigen Produkte, für die der Fremdbezug gemäß $k_{var} < p_{Fremd}$ vorteilhaft ist. Bei einem Engpass sind die Produkte mit den größten relativen Stückdeckungsbeiträgen (db_{rel}) zu produzieren:

$$db_{rel} = \frac{\text{Stückdeckungsbeitrag}}{\text{Beanspruchung des Engpasses}}$$

- Ermitteln Sie die spezifischen Mehrkosten der Fremdfertigung ($p_{Fremd} - k_{var}$)/t der anderen Produkte.

- Entlastung des Engpasses durch sukzessive Auslagerung der Produkte mit den geringsten spezifischen Mehrkosten.

Lösung

Die benötigte Gesamtkapazität bei ausschließlicher Eigenfertigung beträgt:

Produkt	Menge (X)	Zeit (t)	Kapazität
P1	300 St.	20 min/St.	$300 \times 20 = 6.000$ min
P2	550 St.	25 min/St.	$550 \times 25 = 13.750$ min
P3	700 St.	15 min/St.	$700 \times 15 = 10.500$ min
P4	650 St.	10 min/St.	$650 \times 10 = 6.500$ min
Gesamtkapazität bei Eigenfertigung = 36.750 min			

Aufgrund der Differenz zwischen der benötigten Gesamtkapazität von 36.750 Minuten und der nur zur Verfügung stehenden Produktionskapazität von 22.250 Minuten muss eine Produktionsreihenfolge entsprechend den Stückdeckungsbeiträgen vorgenommen werden.

Es dürfen nur die Produkte mit positivem Stückdeckungsbeitrag produziert werden.

Produkt	$(p_{Fremd} - k_{var})/t$	Rang
P1	0,1	3
P2	0,2	2
P3	$k_{var} > p_{Fremd}$	Fremdbezug
P4	0,4	1

Der vorliegende Engpass ist mit denjenigen Produkten sukzessive aufzufüllen, die die höchsten engpassbezogenen Stückdeckungsbeiträge erwirtschaften.

Produkt	Kapazität	Menge X	Benötigte Kapazität X × t	Restkapazität
P4	22.250 min	650 St.	6 500 min	15 750 min
P2	15.750 min	550 St.	13.750 min	2.000 min
P1	2.000 min	100 St.	2.000 min	0 min

Ergebnis nach Durchführung der Programmoptimierung:

Produkt	Eigenfertigung	Fremdbezug
P1	100 St.	200 St.
P2	550 St.	–
P3	–	700 St.
P4	650 St.	–

Praxistipp

Reichen die vorhandenen Betriebsmittel für die Eigenfertigung nicht aus, so liegt ein Engpass bei einem Produktionsfaktor vor, z. B. eine zu knappe Maschinenzeit oder ein Materialengpass. Daher können nicht alle Teile, die gemäß der Regel $k_{var} < p_{Fremd}$ vorteilhaft wären, selbst gefertigt werden.

Die Entscheidungsregel fordert in diesem Fall, dass bevorzugt solche Produkte von außen zu beziehen sind, deren Auslagerung die höchste Entlastung der jeweiligen Engpasseinheit mit sich bringt.

Die spezifischen Mehrkosten der Fremdfertigung, die als Quotient zwischen den Mehrkosten $p_{Fremd} - k_{var}$ je Stück und der Engpassentlastung t je Stück berechnet werden, berücksichtigen beide Forderungen – einerseits Minimierung der Mehrkosten je Stück und andererseits Maximierung der Engpassentlastung je Stück.

Optimales Produktionsprogramm

Programmoptimierung ohne Kapazitätsengpass

Übung 14
⏱ 8 min

Ein Unternehmen produziert vier Produkte P1 bis P4. Die Ausgangssituation lässt sich wie folgt beschreiben.

Produkt	Stück-preis (p)	k_{var}	Produktions-menge	Mindest-menge	Höchst-menge
P1	29 €/St.	27 €/St.	10.000 St.	400 St.	12.000 St.
P2	28 €/St.	23 €/St.	8.000 St.	500 St.	8.000 St.
P3	37 €/St.	40 €/St.	8.000 St.	350 St.	9.500 St.
P4	45 €/St.	41 €/St.	7.500 St.	600 St.	8.000 St.

Zusätzlich fallen fixe Kosten K_{fix} in Höhe von 30.000 € an.

Führen Sie eine Programmoptimierung unter Beachtung der aus absatz- und produktionsbedingten Gründen festgelegten Mindest- bzw. Höchstmengen durch. Vergleichen Sie außerdem den Gewinn vor und nach der Optimierung.

Lösungstipps

- Für alle Produkte werden die Stückdeckungsbeiträge db berechnet.

  $db = p - k_{var}$

  (p = Verkaufspreis je Stück, k_{var} = variable Stückkosten)

- Die Entscheidungsregel lautet dann wie folgt:
  db > 0: produzieren bis zur Höchstmenge;
  db < 0: nicht bzw. geforderte Mindestmenge produzieren.

Lösung

- Berechnung der Stückdeckungsbeiträge (db):

Produkt	p	k_{var}	$db = p - k_{var}$
P1	29 €/St.	27 €/St.	+ 2 €/St.
P2	28 €/St.	23 €/St.	+ 5 €/St.
P3	37 €/St.	40 €/St.	– 3 €/St.
P4	45 €/St.	41 €/St.	+ 4 €/St.

- Durchführung der Programmoptimierung:

Produkt	Neue Produktionsmenge
P1	12.000 St.
P2	8.000 St.
P3	350 St.
P4	8.000 St.

- Gewinn vor und nach der Programmoptimierung

	Ausgangssituation			Programmoptimierung		
		2 €/St.	x	10.000 St.		2 €/St.	x	12.000 St.
	+	5 €/St.	x	8.000 St.	+	5 €/St.	x	8.000 St.
	+	(-3 €/St.)	x	8.000 St.	+	(-3 €/St.)	x	350 St.
	+	4 €/St.	x	7.500 St.	+	4 €/St.	x	8.000 St.
– K_{fix}	–	30.000 €			–	30.000 €		
Gewinn	=	**36.000 €**			=	**64.950 €**		

Der Gewinn konnte nach der Programmoptimierung um 28.950 € gesteigert werden.

Programmoptimierung mit Kapazitätsengpass

Übung 15

🕐 **15 min**

Ein Unternehmen produziert vier Produkte P1 bis P4, die alle eine bestimmte Maschine (Gesamtkapazität: 28.800 min) in Anspruch nehmen. Die Ausgangssituation (E = Engpassbelastung; M_{prod} = Produktionsmenge; M_{min} = Mindestmenge; M_{max} = Höchstmenge; Mengenangaben in Stück):

Produkt	p	k_{var}	E	M_{prod}	M_{min}	M_{max}
P1	9 €	7 €	25 min/St.	250	25	400
P2	8 €	3 €	22 min/St.	450	10	500
P3	12 €	10 €	18 min/St.	200	100	350
P4	7 €	3 €	15 min/St.	500	50	600

Zusätzlich fallen fixe Kosten K_{fix} in Höhe von 3.000 € an.

Führen Sie eine Programmoptimierung unter Beachtung der aus absatz- und produktionsbedingten Gründen festgelegten Mindest- bzw. Höchstmengen durch. Vergleichen Sie außerdem den Gewinn vor und nach der Optimierung.

Lösungstipps

- Während bei der Programmoptimierung ohne Engpass der positive bzw. negative Stückdeckungsbeitrag über eine Erweiterung bzw. Verminderung der Produktion entscheidet, müssen bei der Programmoptimierung mit einem Kapazitätsengpass sowohl der Stückdeckungsbeitrag als auch die jeweils benötigte Stückzeit der Engpasseinheit berücksichtigt werden. Daher wird der relative Stückdeckungsbeitrag berechnet, der den Bruttogewinn pro Engpasseinheit anzeigt.

Berechnung des relativen Stückdeckungsbeitrags

$$\text{Stückdeckungsbeitrag (db)} = p - k_{var}$$

$$\text{relativer Stückdeckungsbetrag } (db_{rel}) = \frac{db}{t} = \frac{p - k_{var}}{t}$$

(p = Verkaufspreis, k_{var} = variable Stückkosten,
t = zeitliche Beanspruchung des Engpasses)

- Die Programmoptimierung wird in der Regel in drei Schritten durchgeführt.

  – Ermitteln Sie die Belastung der Engpasseinheit, die durch die Produktion der Mindestmengen entsteht, und berechnen Sie die noch verfügbare Restkapazität.

  – Ermitteln Sie die relativen Stückdeckungsbeiträge der Produkte und erstellen Sie eine Rangfolge.

  – Belegen Sie die Restkapazität nach der zuvor aufgestellten Reihenfolge, jedoch unter Beachtung der Höchstmengen.

Lösung

- Ermittlung der Engpassbelastung durch die zu fertigenden Mindestmengen in der Produktion:

25 St. × 25 min/St. + 10 St. × 22 min/St.
+ 100 St. × 18 min/St.
+ 50 St. × 15 min/St. = 3.395 min

Aufgrund der vorgegebenen zu produzierenden Mindestmenge ist der Kapazitätsengpass auf jeden Fall mit 3.395 Minuten belegt.

- Ermittlung der verbleibenden Restkapazität:

28.800 min – 3.395 min = 25.405 min

Die verbleibende Restkapazität beträgt 25.405 Minuten.

- Ermittlung der Rangfolge entsprechend den relativen Stückdeckungsbeiträgen:

Produkt	p	k_{var}	$db_{rel} = (p - k_{var})/t$	Rang
P1	9 €/St.	7 €/St.	0,08 €/min	4
P2	8 €/St.	3 €/St.	0,23 €/min	2
P3	12 €/St.	10 €/St.	0,11 €/min	3
P4	7 €/St.	3 €/St.	0,27 €/min	1

- Ermittlung der Rangfolge entsprechend der jeweils verbleibenden Restkapazität:

Produkt	Zusätzliche Menge	Benötigte Zeit	Restkapazität
P4	550 St.	8.250 min	17.155 min
P2	490 St.	10.780 min	6.375 min
P3	250 St.	4.500 min	1.875 min
P1	75 St.	1.875 min	0 min

- Produktionsmengen der Produkte P1 bis P4 nach der Durchführung der Programmoptimierung:

Produkt	Neue Produktionsmenge
P1	100 St.
P2	500 St.
P3	350 St.
P4	600 St.

- Ermittlung des Gewinns vor und nach der Programmoptimierung:

		Ausgangssituation			Programmoptimierung	
		2 €/St. x	350 St.		2 €/St. x	100 St.
	+	5 €/St. x	450 St.	+	5 €/St. x	500 St.
	+	2 €/St. x	200 St.	+	2 €/St. x	350 St.
	+	4 €/St. x	500 St.	+	4 €/St. x	600 St.
– K_{fix}	–	3.000 €		–	3.000 €	
Gewinn	=	**2.150 €**		=	**2.800 €**	

Nach der Programmoptierung konnte der Gewinn um 650 € erhöht werden.

Praxistipps

- Gibt es einen gemeinsamen Engpass, der auf mehrere Produkte gleichzeitig wirkt, so orientiert man sich bei der Programmentscheidung am relativen Stückdeckungsbeitrag. Der Kapazitätsengpass wird in der Reihenfolge der abnehmenden relativen Stückdeckungsbeiträge verplant.

- Die höchsten relativen Stückdeckungsbeiträge bringen bei Engpasssituationen unter Berücksichtigung der Kapazitätsgrenze aufsummiert den höchsten Gewinn.

Break-even-Analyse

Die Gewinnschwellenanalyse, häufig auch als Break-even-Analyse bezeichnet, ist ein Werkzeug, das die Beziehung zwischen dem Umsatzerlös einerseits und den fixen und variablen Kosten andererseits untersucht und diese Zahlen einander gegenüberstellt. An der Gewinnschwelle (Break-even-Point) sind die Umsatzerlöse und die Kosten gerade gleich hoch. Es entsteht weder ein Gewinn noch ein Verlust.

Break-even-Menge   Übung 16
 4 min

Ein Unternehmen produziert Wellen, die zu 230 € je Stück verkauft werden. Die fixen Kosten betragen 60.000 €, die variablen Kosten belaufen sich auf 30 € je Stück.

Welche Menge muss das Unternehmen produzieren, damit die Kosten gerade gedeckt sind?

Lösungstipp

Rechnerische Bestimmung der Gewinnschwelle:

Gesamtkosten (K) =
variable Stückkosten (k_{var}) × Menge (X) + fixe Kosten (K_{fix})

Erlöse (E) = Stückpreis (p) × Menge (X)

Für die Gewinnschwelle gilt: K = E

Daraus ergibt sich:

$$\text{Break-even-Menge} = \frac{\text{Fixkosten}}{\text{Stückdeckungsbeitrag}} = \frac{K_{fix}}{db}$$

Stückdeckungsbeitrag (db) = Stückpreis - var. Stückkosten

Lösung

Ermittlung der Break-even-Menge:

$$30 \text{ €/St.} \times X + 60.000 \text{ €} = 230 \text{ €/St.} \times X$$

$$60.000 \text{ €} = 200 \text{ €/St.} \times X$$

$$\text{Produktionsmenge (X)} = 300 \text{ Stück}$$

Das Unternehmen muss 300 Wellen produzieren, um die entstandenen Kosten zu decken. Mit jeder weiteren produzierten Welle erwirtschaftet das Unternehmen Gewinn.

Praxistipp

Der Break-even-Point kennzeichnet die Ausbringungsmenge, bei der die Summe der erwirtschafteten Deckungsbeiträge gerade ausreicht, um die fixen Kosten zu decken. Links von der Gewinnschwelle reichen die erwirtschafteten Deckungsbeiträge nicht aus, die Gesamtkosten abzudecken. Rechts vom Break-even-Point arbeitet das Unternehmen mit Gewinn, die Erlöse sind größer als die Kosten. Die Deckungsbeiträge sind so hoch, dass sie zusätzlich zur Gesamtkostendeckung noch einen Gewinn erwirtschaften.

Break-even-Menge

Übung 17
🕐 **4 min**

Ein Unternehmen stellt Champagner in traditioneller Art her. Die fixen Kosten pro Quartal belaufen sich auf 280.000 €, die variablen Kosten pro Stück betragen 40,52 €. Das Unternehmen verkauft eine Flasche Champagner für 90,90 €. Nun stellt sich die Frage, welche Mindestumsätze zu erzielen sind, also wie viele Champagnerflaschen verkauft werden müssen, um in die Gewinnzone zu kommen.

Lösung

Im ersten Schritt wird der Stückdeckungsbeitrag (db) berechnet, der sich aus der Differenz von Stückerlös (p) und variablen Kosten pro Stück (k_{var}) ergibt:

$$db = p - k_{var}$$

db = 90,90 €/St. - 40,52 €/St. = 50,38 €/St.

Nun wird die Gewinnschwelle ausgerechnet. Dabei muss der Gesamtdeckungsbeitrag (DB) ausreichen, um die fixen Kosten (K_{fix}) zu decken.

$$DB = K_{fix}$$

DB = 280.000 €

Der kritische Punkt beschreibt die abzusetzende Menge (X) an Champagner, die notwendig ist, um weder Gewinn noch

Verlust zu machen. Ab diesem Punkt findet der Übergang in die Gewinnzone statt.

$$\text{Break-even-Menge (X)} = \frac{\text{Fixkosten}}{\text{Stückdeckungsbeitrag}} = \frac{K_{fix}}{db}$$

$$X = \frac{280.000 \text{ €}}{50,38 \text{ €/St.}} = 5.557,76 \text{ Stück}$$

Es müssen also mindestens 5.558 Champagnerflaschen abgesetzt werden, um in die Gewinnzone einzutreten.

Praxistipp

Eine der wohl wichtigsten Aufgaben eines Unternehmens ist die Gewinnmaximierung. Mithilfe der Break-even-Analyse und wichtigen Hilfsfaktoren wie Beschäftigungsgrad, Höhe der Kosten und Umsatz kann entweder die Gewinnschwelle ermittelt werden oder eine Planung des Gewinns erfolgen.

Vertriebscontrolling

Unter Vertriebscontrolling versteht man die zielgerichtete **Steuerung** der Marketing- und Sales-Aktivitäten eines Unternehmens. Ziel des Vertriebscontrolling ist eine markt- und kundenbezogene, lotsenähnliche Unterstützung des Marketing und des Vertriebs.

Vertriebskennzahlen

Übung 18

🕐 **20 min**

Ein Unternehmen stellt zwei Produkte A und B her, die aufgrund ihrer Verschiedenheit durch unterschiedliche Vertriebskanäle vermarktet werden. Zu den beiden Produkten liegen folgende Informationen vor:

		Produkt A	Produkt B
	Soll-Auftragseingangsmenge	250.000 St.	400.000 St.
	Ist-Auftragseingangsmenge	224.100 St.	455.000 St.
	Anzahl Aufträge	600 St.	2.500 St.
	Preis pro Stück	42,00 €/St.	5,00 €/St.
	Soll-Umsatz (brutto)	10.500.000 €	2.000.000 €
	Ist-Umsatz (brutto)	9.412.200 €	2.275.000 €
–	Rabatte, Boni	11.000 €	1.700 €
–	Skonti	282.036 €	68.199 €
=	**Ist-Umsatz (netto)**	**9.119.164 €**	**2.205.101 €**
–	Materialkosten	4.559.582 €	661.530 €
–	Fertigungskosten	1.823.833 €	882.040 €
=	**Deckungsbeitrag I (DB I)**	**2.735.749 €**	**661.531 €**
–	Vertriebskosten	355.647 €	66.154 €
=	**Deckungsbeitrag II (DB II)**	**2.380.102 €**	**595.377 €**

Zwei Außendienstmitarbeiter vertreiben das erklärungsbedürftige Produkt A, wohingegen Produkt B durch einen auf Provisionsbasis arbeitenden Handelsvertreter vertrieben wird. Im Jahr absolvieren die angestellten Vertriebsmitarbeiter des Produkts A durchschnittlich 965 Besuche. Der Handelsvertreter besucht 500 Kunden. Im Geschäftsjahr wurden den Kunden insgesamt 10.000 Angebote unterbreitet.

Im laufenden zweiten Quartal liegt ein Auftragsbestand von 80.000 Stück bei Produkt A und 190.000 Stück bei Produkt B vor. Für die aktuelle Kennzahlenanalyse im Mai 2008 wurde der Ist-Umsatz brutto der Periode Juni 2007 bis Mai 2008 herangezogen, welcher 11.930.000 € betrug. Berechnen Sie zur Steuerung des Vertriebs die folgenden Kennzahlen: Auftragsreichweite, Angebotserfolgsquote, Auftragseingangsquote von Produkt A, Kundenaufwand für Produkt A, Vertriebskostenquote von Produkt A, Preisnachlassquote von Produkt A, Deckungsbeitragsquote von Produkt A.

Lösungstipps

- Die Auftragsreichweite gibt den Wert der noch abzuarbeitenden Aufträge zum Umsatz der letzten zwölf Monate an.

$$\text{Auftragsreichweite} = \frac{\text{Auftragsbestand in €}}{\text{Umsatz letzte 12 Monate}} \times 360 \text{ Tage}$$

- Die Angebotserfolgsquote zeigt, mit welcher Effektivität die Angebote abgegeben wurden.

$$\text{Angebotserfolgsquote} = \frac{\text{erteilte Aufträge}}{\text{abgegebene Angebote}} \times 100$$

- Die Auftragseingangsquote zeigt den Erfüllungsgrad der Plandaten der Auftragseingänge.

$$\text{Auftragseingangsquote} = \frac{\text{tatsächlicher Auftragseingang}}{\text{geplanter Auftragseingang}} \times 100$$

- Mit dem Kundenaufwand kann man untersuchen, wie viel ein Kundenbesuch das Unternehmen kostet.

$$\text{Kundenaufwand} = \frac{\text{Vertriebskosten}}{\text{Kundenbesuch}}$$

- Die Vertriebskostenquote stellt den Anteil der Vertriebskosten am Gesamtumsatz dar.

$$\text{Vertriebskostenquote} = \frac{\text{Vertriebskosten}}{\text{Umsatz}} \times 100$$

- Die Preisnachlassquote gibt an, wie viel Prozent vom Umsatz dem Unternehmen in Form von Preisnachlässen (Rabatte, Boni, Skonti) verloren gehen.

$$\text{Preisnachlassquote} = \frac{\text{Preisnachlässe}}{\text{Ist-Umsatz ohne Nachlässe}} \times 100$$

- Der Deckungsbeitrag II ist sehr wichtig, da er direkt in das Unternehmen zur Deckung der anfallenden Fixkosten fließt.

$$\text{Deckungsbeitragsquote} = \frac{\text{Deckungsbeitrag II}}{\text{Ist-Umsatz (netto)}} \times 100$$

Lösung

Auftragsreichweite

$$= \frac{80.000 \times 42\ € + 190.000 \times 5\ €}{11.930.000\ €} \times 360\ \text{Tage} = 130\ \text{Tage}$$

Angebotserfolgsquote

$$= \frac{600 + 2.500}{10.000} \times 100 = 31\ \%$$

Auftragseingangsquote von Produkt A

$$= \frac{224.100}{250.000} \times 100 = 89,64\ \%$$

Kundenaufwand für Produkt A

$$= \frac{355.647\ €}{965\ \text{Besuche}} = 368,55\ €/\text{Besuch}$$

Vertriebskostenquote

$$= \frac{355.647\ €}{9.412.200\ €} \times 100 = 3,78\ \%$$

Preisnachlassquote von Produkt A

$$= \frac{11.000\ € + 282.036\ €}{9.412.200\ €} \times 100 = 3,11\%$$

Deckungsbeitragsquote von Produkt A

$$= \frac{2.380.102\ €}{9.119.164\ €} \times 100 = 26,1\%$$

Produktionscontrolling

Fertigungskennzahlen   Übung 19
🕐 **12 min**

Ein mittelständisches Unternehmen der Metallindustrie produziert Drehteile für die Automobilindustrie. Es unterteilt seine Fertigung in drei Kostenstellen, die jeweils mit einem anderen Schichtmodell arbeiten. Kostenstelle A arbeitet zweischichtig, Kostenstelle B dreischichtig und Kostenstelle C einschichtig. Zur Ermittlung fertigungsspezifischer Kennzahlen stehen dem Unternehmen für den Monat Januar (21 Arbeitstage) folgende Daten zur Verfügung:

Kostenstelle	A	B	C
Soll-Fertigungsstunden	336	504	168
Ist-Fertigungsstunden	301	310	200
Nacharbeitsstunden	61,8	14,1	6,4
Gesamtstückzahl	2.000	8.500	720
Ausschuss [Stück]	22	480	3
Fertigungskosten [€]	116.800	145.200	79.400

Ermitteln Sie die folgenden Kennzahlen für die drei Kostenstellen: Fertigungskosten pro Stunde, Nacharbeitsquote, Ausschussquote und Kapazitätsauslastung.

Lösung

Es werden anhand der Kostenstelle A die vier Kennzahlen beispielhaft berechnet.

- Fertigungskosten pro Stunde der Kostenstelle A

$$= \frac{\text{Fertigungskosten}}{\text{Ist-Fertigungsstunden}} = \frac{116.800\ \text{€}}{301\ \text{h}} = 388,04\ \text{€/h}$$

- Nacharbeitsquote in der Kostenstelle A

$$= \frac{\text{Nacharbeitsstunden}}{\text{Ist-Fertigungsstunden}} \times 100 = \frac{61,8\ \text{h}}{301\ \text{h}} \times 100 = 20,53\ \%$$

- Ausschussquote in der Kostenstelle A

$$= \frac{\text{Ausschussmenge}}{\text{Produktionsmenge}} \times 100 = \frac{22\ \text{St.}}{2.000\ \text{St.}} \times 100 = 1,1\%$$

- Kapazitätsauslastung der Kostenstelle A

$$= \frac{\text{Ist-Fertigungsstunden}}{\text{Soll-Fertigungsstunden}} \times 100 = \frac{301\ \text{h}}{336\ \text{h}} \times 100 = 89,58\ \%$$

Die Ergebnisse auf einen Blick:

Kostenstelle	A	B	C
Fertigungskosten pro Stunde	388,04 €	468,39 €	397,00 €
Nacharbeitsquote	20,5 %	4,5 %	3,2 %
Ausschussquote	1,1 %	5,6 %	0,4 %
Kapazitätsauslastung	89,6 %	61,5 %	119,0 %

Durchlaufzeiten

Übung 20
🕐 **12 min**

Ein mittelständisches Unternehmen stellt die Produkte A, B und C her. Zur Herstellung von Produkt A werden zwei Spezialmaschinen benötigt, auf die der Hauptteil der Bearbeitungszeit entfällt. Produkt B ist ein Serienteil, das in großen Stückzahlen durch Fließfertigung hergestellt wird. Bei Produkt C handelt es sich um eine kundenspezifische Sonderanfertigung. Aus der Fertigung sind die folgenden Daten bekannt:

Produkt	A	B	C
Losgröße [St.]	5.000	15.000	800
Durchlaufzeit [min/St.]	5,05	3,36	11,40
Bearbeitungszeit [min/St.]	1,8	2,4	1,2
Rüstzeit [h/Los]	25	10	6
Transportzeit [min/St.]	0,25	0,06	5,4
Liegezeit [min/St.]	3,0	0,9	4,8

Berechnen Sie für die drei Produkte die Kennzahlen Bearbeitungszeitquote, Rüstzeitquote, Transportzeitquote und Liegezeitquote.

Lösung

Es werden anhand des Produktes A die vier Kennzahlen beispielhaft berechnet.

- Bearbeitungszeitquote des Produktes A

$$= \frac{\text{Bearbeitungszeit}}{\text{Durchlaufzeit}} \times 100 = \frac{1,8 \, \text{min/St.}}{5,05 \, \text{min/St.}} \times 100 = 35,6\,\%$$

- Rüstzeitquote des Produktes A

$$= \frac{\text{Rüstzeit}}{\text{Durchlaufzeit}} \times 100$$

$$= \frac{25 \, \text{h} \times 60 \, \text{min/h}}{5,05 \, \text{min/St.} \times 5.000 \, \text{St.}} \times 100 = 5,9\,\%$$

- Transportzeitquote des Produktes A

$$= \frac{\text{Transportzeit}}{\text{Durchlaufzeit}} \times 100 = \frac{0,25 \, \text{min/St.}}{5,05 \, \text{min/St.}} \times 100 = 4,9\,\%$$

- Liegezeitquote des Produktes A

$$= \frac{\text{Liegezeit}}{\text{Durchlaufzeit}} \times 100 = \frac{3 \, \text{min/St.}}{5,05 \, \text{min/St.}} \times 100 = 59,4\,\%$$

Die Ergebnisse auf einen Blick:

Produkt	A	B	C
Bearbeitungszeitquote	35,6 %	71,4 %	10,5 %
Rüstzeitquote	5,9 %	1,2 %	3,9 %
Transportzeitquote	4,9 %	1,8 %	47,4 %
Liegezeitquote	59,4 %	26,8 %	42,1 %

Praxistipp

- Ziel in jedem Unternehmen sollte es sein, die Durchlaufzeiten in der Produktion zu verkürzen, damit die Aufträge schneller ausgeliefert werden können und außerdem die Kapitalbindung verringert wird.

- Die Produktion steht aufgrund des starken ausländischen Wettbewerbs unter einem enormen Kostendruck. Das Produktionscontrolling sollte unterstützend darauf achten, dass

  - die Aufträge nicht zu langsam abgewickelt,
  - die Produkte schnell genug entwickelt und hergestellt,
  - die Kapazitäten gut ausgelastet,
  - die eingefahrenen Losgrößen rechtzeitig geändert,
  - moderne, wirtschaftliche Fertigungsverfahren eingesetzt,
  - die Qualitätsansprüche der Kunden erfüllt,
  - die Mitarbeiter rechtzeitig weitergebildet,
  - wesentliche Informationen weitergegeben,
  - die Lagerbestände nicht zu hoch,
  - das innerbetriebliche Transportwesen optimiert und
  - die Wünsche der Kunden bestens erfüllt werden.

Finanz- und Ertragslage

In diesem Kapitel lernen Sie wichtige monatliche bzw. quartalsweise zur Verfügung stehende Kennzahlen kennen:

- die Gesamt-, Eigenkapital- und Umsatzrentabilität,
- die Finanzierungskennzahlen,
- die Liquidität 1., 2. und 3. Grades, das Working Capital,
- die Deckungsgrade A und B,
- die Debitoren- und Kreditorenlaufzeit.

Darum geht es in der Praxis

Die Finanz- und Ertragskennzahlen sind ein wichtiges Instrument für die Führung und Steuerung eines Unternehmens. Sie können als Planzahlen in Form von Sollwerten vorgegeben und mit den Istwerten verglichen werden.

Rentabilität und Liquidität sind Kennzahlen, deren Aussagen über die finanzielle Situation eines Unternehmens von großer Bedeutung sind.

Die Finanzierungsanalyse ist die Analyse der Kapitalseite mit dem Ziel, Informationen über die Quellen sowie die Zusammensetzung des Kapitals nach Art, Sicherheit und Fristigkeit zu gewinnen. Zu der Finanzierungsanalyse gehört auch die Analyse der Kapitalstruktur.

Das Finanzcontrolling ist wesentlicher Bestandteil der finanziellen Führung eines Unternehmens.

Im Zuge von Basel II hat das Thema Rating vor allem für mittelständische Unternehmen erheblich an Brisanz gewonnen. Für die Bonitätsbeurteilung von Unternehmen sind die so genannten Hardfacts wie beispielsweise die Vermögenslage bzw. -entwicklung, die Ertragslage bzw. -entwicklung, die Finanzlage bzw. -entwicklung, die Cashflow-Analyse sowie die Eigenkapitalquote von besonderer Bedeutung.

Die Rentabilität eines Unternehmens

Rentabilität

Übung 21
🕐 **6 min**

Ein Unternehmen weist in der Bilanz ein Eigenkapital von 1.000.000 € und Fremdkapital in Höhe von 800.000 € aus. Das Ergebnis vor Steuern betrug 280.000 €. Für das Fremdkapital bezahlte das Unternehmen 60.000 € Zinsen.

- Ermitteln Sie die Eigenkapitalrentabilität (EKR).
- Ermitteln Sie die Gesamtkapitalrentabilität (GKR).
- Das Tochterunternehmen verfügt über ein Gesamtkapital von 1 Mio. € und der Fremdkapitalanteil (FK) beträgt 0,8 Mio. €. Die Gesamtkapitalrentabilität wurde mit 12 % ermittelt, der Fremdkapitalzinssatz (FKZ) beträgt durchschnittlich 8 %. Ermitteln Sie die Eigenkapitalrentabilität (EKR) mithilfe der Leverage-Formel.

Lösungstipps

$$\text{Eigenkapitalrentabilität} = \frac{\text{Jahresüberschuss vor Steuern}}{\text{Eigenkapital}} \times 100$$

Das Ergebnis vor Steuern setzt sich aus dem Jahresüberschuss und den EE-Steuern (Steuern vom Einkommen und Ertrag) zusammen.

$$\text{Gesamtkapitalrentabilität} = \frac{\text{Jahresüberschuss vor Steuern} + \text{Fremdkapitalzinsen}}{\text{Gesamtkapital}} \times 100$$

Die Gesamtkapitalrentabilität gibt die Verzinsung des gesamten Kapitals an. Sie zeigt, wie effizient das Unternehmen mit den zur Verfügung stehenden Mitteln gearbeitet hat.

Leverage-Formel: $EKR = GKR + (GKR - FKZ) \times \dfrac{FK}{EK}$

Lösung

$$\text{Eigenkapitalrentabilität} = \frac{280.000\,€}{1.000.000\,€} \times 100 = 28\,\%$$

Gesamtkapitalrentabilität

$$= \frac{280.000\,€ + 60.000\,€}{1.800.000\,€} \times 100 = 18,89\,\%$$

$$EKR = 12\,\% + (12\,\% - 8\,\%) \times \frac{800.000\,€}{200.000\,€} = 28\,\%$$

Praxistipp

Die Gesamtkapitalrentabilität dokumentiert die Fähigkeit eines Unternehmens, Gewinne zu erzielen, ohne die Aufteilung des eingesetzten Kapitals in Eigen- und Fremdkapital vornehmen zu müssen. Sie stellt die tatsächliche Effektivität des Unternehmens in den Vordergrund und nicht wie bei der Eigenkapitalrentabilität die Sichtweise der Eigentümer.

Rentabilität

Übung 22
🕐 **6 min**

Das Gesamtkapital beträgt 12 Mio. €. Es unterteilt sich in Eigenkapital in Höhe von 8 Mio. € und Fremdkapital in Höhe von 4 Mio. €. Der Verschuldungsgrad als Quotient von Fremd- und Eigenkapital beläuft sich somit auf 0,5.

- Wie groß sind Gesamtkapital- (GKR) und Eigenkapitalrentabilität (EKR), wenn der Jahresüberschuss vor Steuern 1 Mio. € und der Fremdkapitalzinssatz (i) 5 % beträgt?

- Wie würde sich bei gleicher Gesamtkapitalrentabilität die Eigenkapitalrentabilität verändern, wenn man einen Verschuldungsgrad von 1 annimmt? Warum?

Lösungstipps

$$\text{Eigenkapitalrentabilität} = \frac{\text{Jahresüberschuss vor Steuern}}{\text{Eigenkapital}} \times 100$$

$$\text{Gesamtkapitalrentabilität} = \frac{\text{Jahresüberschuss vor Steuern} + \text{Fremdkapitalzinsen}}{\text{Gesamtkapital}} \times 100$$

Leverage-Formel: $EKR = GKR + (GKR - FKZ) \times \dfrac{FK}{EK}$

Lösung

Zur Berechnung der GKR werden im Zähler der Jahresüberschuss vor Steuern und die Fremdkapitalzinsen addiert. Letztere ergeben sich aus der Multiplikation von Fremdkapital und dem dazugehörigen Fremdkapitalzinssatz.

$$GKR = \frac{\text{Jahresüberschuss vor Steuern} + (FK \times i)}{GK} \times 100$$

$$= \frac{1.000.000 + (4.000.000 \times 0,05)}{8.000.000 + 4.000.000} \times 100 = 10\,\%$$

$$EKR = \frac{1.000.000}{8.000.000} \times 100 = 12,5\,\%$$

Veränderung des Verschuldungsgrads:

$$\text{Verschuldungsgrad} = \frac{FK}{EK} = 1$$

Gesamtkapital	=	12.000.000 €
Fremdkapital$_{neu}$	=	6.000.000 €
Eigenkapital$_{neu}$	=	6.000.000 €

$$EKR = GKR + (GKR - FKZ) \times \frac{FK}{EK}$$

$$EKR = 10\,\% + (10\,\% - 5\,\%) \times \frac{1}{1} = 15\,\%$$

Man kann hier wieder gut erkennen, wie ein höherer Verschuldungsgrad zu einer höheren EKR führt. Der Grund ist folgende Bedingung: GKR > FK-Zins.

Umsatzrentabilität

Übung 23
🕐 **8 min**

In einem Monat lagen die Gesamtkosten eines Unternehmens bei einer Ausbringungsmenge von 20.000 Stück bei 124.000 €. Im Folgemonat betrug die Ausbringungsmenge 24.000 Stück und die Gesamtkosten lagen bei 136.800 €. Der Umsatz betrug im ersten Monat 96.000 € und im zweiten Monat 115.200 €. Veränderungen an den Produktionsmitteln oder den Preisen der Produktionsfaktoren sind nicht zu berücksichtigen.

- Bei welcher Ausbringungsmenge beträgt die Umsatzrentabilität genau 0 %?

- Der Unternehmer strebt eine Umsatzrentabilität von 10 % an. Welche Ausbringung muss er leisten, um dieses Ziel zu erreichen?

Lösung

Beim Break-even-Point beträgt die Umsatzrentabilität 0 %, da kein Gewinn erwirtschaftet wird. Zunächst sind die Fixkosten, die variablen Stückkosten und der Verkaufspreis pro Stück zu ermitteln.

Der Verkaufspreis pro Stück beträgt 96.000 € : 20.000 St. = 4,80 €/St. bzw. 115.200 € : 24.000 St. = 4,80 €/St.

Die Mengenänderung bewirkt eine Veränderung der Kostenstruktur, die nur auf die variablen Kosten zurückgehen kann.

- Ermittlung der variablen Kosten:

$$\text{variable Kosten pro Stück} = \frac{\text{Kostenänderung}}{\text{Mengenänderung}}$$

$$k_{var} = \frac{136.800\ \text{€} - 124.000\ \text{€}}{24.000\ \text{St.} - 20.000\ \text{St.}} = 3,20\ \text{€/St.}$$

- Ermittlung des Stückdeckungsbeitrags:
  4,80 €/St. - 3,20 €/St. = 1,60 €/St.

- Die Fixkosten betragen:
  K_{fix} = 124.000 € - 3,20 €/St. × 20.000 St. = 60.000 €

- Ermittlung des Break-even-Points:

$$BEP = \frac{\text{Fixkosten}}{\text{Stückdeckungsbeitrag}} = \frac{60.000\ \text{€}}{1,60\ \text{€/St.}} = 37.500\ \text{St.}$$

- Ermittlung der Ausbringungsmenge bei einer Umsatzrentabilität von 10 %:

Umsatzrentabilität × Umsatz (U) = Gewinn (G)

Es gilt: U = Preis (P) × Menge (X)

und

G = DB × X - K_{fix}

G = P × X - k_{var} × X - K_{fix}

0,1 × 4,8 × X = 4,8 × X - 3,2 × X - 60.000
0,48 × X = 1,6 × X - 60.000
60.000 = 1,12 × X
X = 53.572 Stück

Beurteilung der Ertragslage   Übung 24
🕐 **20 min**

Für die Kennzahlenanalyse liegen Ihnen die folgenden Daten von einem Unternehmen vor (Angaben in T€):

Ausgewählte Posten aus der Bilanz	2008	2007
Eigenkapital	55.000	50.000
Rückstellungen	55.000	50.000
Langfristige Darlehen	50.000	48.000
Mittelfristige Darlehen	5.000	7.000
Kurzfristige Bankverbindlichkeiten	27.500	25.000
Sonstige Verbindlichkeiten	52.500	50.000

Ausgewählte Posten aus der GuV	2008	2007
Umsatzerlöse	312.000	290.000
Bestandserhöhung	8.000	4.000
Personalaufwand	100.000	105.000
Materialaufwand	65.000	68.000
Fremdleistungen	15.000	15.000
Betriebsergebnis	25.000	17.500
Beteiligungsergebnis	1.500	1.200
Zinsergebnis	- 2.200	- 2.000
Außerordentliches Ergebnis	- 2.300	+ 300
EE-Steuern	10.000	7.500
Jahresüberschuss/-fehlbetrag	12.000	9.500

Ausgewählte Zusatzinformationen	2008	2007
Anzahl Mitarbeiter	1.500	1.550
Zinssatz kurzfristige Bankverbindlichkeiten	8,0 %	8,0 %
Zinssatz mittelfristige Darlehen	5,0 %	5,0 %
Zinssatz langfristige Darlehen	3,7 %	3,7 %

Berechnen Sie die folgenden Kennzahlen:

– Umsatz je Mitarbeiter

– Rohertrag

– Netto-Umsatzrentabilität

– Brutto-Umsatzrentabilität

– Umsatzrentabilität I und II

– Eigenkapitalrentabilität

– Gesamtkapitalrentabilität

– Return on Investment (ROI)

Lösungstipps

Rohertrag

	Umsatz
+	Bestandserhöhung
+	aktivierte Eigenleistung
=	**Gesamtleistung**
–	Wareneinsatz/Materialaufwand
–	spezielle Fremdleistungen
=	**Rohertrag**

Der Rohertrag liefert bei Handelsunternehmen wichtige Anhaltspunkte über die Entwicklung der Gewinnspanne.

$$\text{Netto-Umsatzrentabilität} = \frac{\text{Jahresüberschuss}}{\text{Umsatz}} \times 100$$

Die Netto-Umsatzrentabilität zeigt, welcher Überschuss letztlich aus den Verkaufserlösen der Produkte bleibt.

$$\text{Brutto-Umsatzrentabilität} = \frac{\text{Jahresüberschuss} + \text{Fremdkapitalzinsen}}{\text{Umsatz}} \times 100$$

$$\text{Umsatzrentabilität I} = \frac{\text{Betriebsergebnis}}{\text{Umsatz}} \times 100$$

Für die Umsatzrentabilität I wird anstatt des Jahresüberschusses das Betriebsergebnis verwendet. So sollen die Einflüsse der einmaligen außerordentlichen Erträge und Aufwendungen sowie des Finanzergebnisses vermieden werden.

$$\text{Umsatzrentabilität II} = \frac{\text{Ergebnis der gewöhnlichen Geschäftstätigkeit}}{\text{Umsatz}} \times 100$$

Im Gegensatz zur Umsatzrentabilität I wird hier zusätzlich das Finanzergebnis berücksichtigt.

$$\text{Eigenkapitalrentabilität} = \frac{\text{Jahresüberschuss vor Steuern}}{\text{Eigenkapital}} \times 100$$

Das Ergebnis vor Steuern setzt sich aus dem Jahresüberschuss und den EE-Steuern (Steuern vom Einkommen und Ertrag) zusammen.

$$\text{Gesamtkapitalrentabilität} = \frac{\text{Jahresüberschuss vor Steuern} + \text{Fremdkapitalzinsen}}{\text{Gesamtkapital}} \times 100$$

Die Gesamtkapitalrentabilität gibt die Verzinsung des gesamten Kapitals an. Sie zeigt, wie effizient das Unternehmen mit den insgesamt zur Verfügung stehenden Mitteln gearbeitet hat.

ROI = Umsatzrentabilität × Kapitalumschlag

$$ROI = \frac{\text{Ergebnis der gewöhnlichen Geschäftstätigkeit}}{\text{Gesamtkapital}} \times 100$$

Lösung

	2008	2007
Umsatz je Mitarbeiter	208,00 T€	187,10 T€
Rohertrag	240.000 T€	211.000 T€
Netto-Umsatzrentabilität	3,85 %	3,28 %
Fremdkapitalzinsen	4.300 T€	4.126 T€
Brutto-Umsatzrentabilität	5,22 %	4,70 %
Umsatzrentabilität I	8,01 %	6,03 %
Finanzergebnis = Beteiligungs- + Zinsergebnis	– 700 T€	– 800 T€
Ergebnis der gewöhnlichen Geschäftstätigkeit = Betriebs- + Finanzergebnis	24.300 T€	16.700 T€
Umsatzrentabilität II	7,79 %	5,76 %
Eigenkapitalrentabilität	40,00 %	34,00 %
Fremdkapital	190.000 T€	180.000 T€
Gesamtkapitalrentabilität	10,73 %	9,19 %
ROI	9,92 %	7,26 %

Rentabilitätsberechnung

Übung 25

🕐 **8 min**

Von einem Unternehmen sind folgende Zahlen bekannt:

- hergestellte und abgesetzte Menge: 12.000 Stück
- Verkaufspreis je Stück: 5,00 €
- eingesetztes Kapital (Gesamtkapital): 90.000 €
- Verschuldungsgrad (FK : EK): 2:1
- Jahresüberschuss vor Steuern (Gewinn): 4.800 €
- Fremdkapitalzinssatz: 10 %

Ermitteln Sie die Gesamtkapitalrentabilität. Wie hoch ist die erreichte Eigenkapitalrentabilität? Wie hoch ist die Netto- bzw. Bruttoumsatzrentabilität? Wie hoch ist der ROI?

Das Unternehmen beabsichtigt, in nächster Zeit seine Eigenkapitalrentabilität zu erhöhen. Wie kann dieses Ziel verwirklicht werden?

Lösungstipps

$$GKR = \frac{\text{Kapitalgewinn (Jahresüberschuss + Fremdkapitalzinsen)}}{\text{Gesamtkapital}}$$

$$EKR = \frac{\text{Jahresüberschuss vor Steuern}}{\text{Eigenkapital}}$$

$$ROI = \frac{\text{Jahresüberschuss vor Steuern}}{\text{Gesamtkapital}}$$

$$UmsatzR_{netto} = \frac{\text{Jahresüberschuss vor Steuern}}{\text{Umsatz}}$$

$$UmsatzR_{brutto} = \frac{\text{Kapitalgewinn (Jahresüberschuss}}{\text{vor Steuern + Fremdkapitalzinsen)}}{\text{Umsatz}}$$

Lösung

$$GKR = \frac{4.800\,€ + (60.000\,€ \times 0{,}1)}{90.000\,€} \times 100 = 12\,\% \text{ p. a.}$$

$$EKR = \frac{4.800\,€}{30.000\,€} \times 100 = 16\,\% \text{ p. a.}$$

$$ROI = \frac{4.800\,€}{90.000\,€} \times 100 = 5{,}33\,\% \text{ p. a.}$$

$$UmsatzR_{netto} = \frac{4.800\,€}{5 \times 12.000\,€} \times 100 = 8\,\% \text{ p. a.}$$

$$UmsatzR_{brutto} = \frac{4.800\,€ + 6.000\,€}{5 \times 12.000\,€} \times 100 = 18\,\% \text{ p. a.}$$

Eine höhere Eigenkapitalrentabilität kann durch eine Erhöhung des Verschuldungsgrades, d. h. durch eine Erhöhung des Fremdkapitals zulasten des Eigenkapitals, erreicht werden. Dabei muss der Fremdkapitalzins kleiner sein als die Gesamtkapitalrentabilität („Leverage-Effekt").

Leverage-Effekt

Übung 26
🕐 **8 min**

Ein Unternehmen hat ein Gesamtkapital von 1 Mio. €. Der Fremdkapitalzinssatz (FKZ) beträgt 4 %, die Gesamtkapitalrentabilität (GKR) beträgt 9 % und das Eigenkapital (EK) hat einen Anteil von 70 %.

1 Wie hoch ist die Eigenkapitalrentabilität (EKR) nach der Leverage-Formel?

2 Es gelten die gleichen Daten wie oben, aber der Eigenkapitalanteil beträgt nur noch 35 %. Ermitteln Sie die Eigenkapitalrentabilität.

3 Ein anderes Unternehmen verfügt ebenfalls über ein Gesamtkapital von 1 Mio. €, darin enthalten ist Fremdkapital (FK) in Höhe von 900.000 €. Der Fremdkapitalzinssatz (FKZ) beträgt 11 %, die Gesamtkapitalrentabilität (GKR) beträgt 9 %. Berechnen Sie ebenfalls die Eigenkapitalrentabilität (EKR).

Lösungstipp

Die Leverage-Formel lautet:

$$EKR = GKR + \left(GKR - FKZ \right) \times \frac{FK}{EK}$$

Lösung

1 $EKR = 9\,\% + \left(9\,\% - 4\,\%\right) \times \dfrac{300.000\ €}{700.000\ €} = 11,14\,\%$

2 $EKR = 9\,\% + \left(9\,\% - 4\,\%\right) \times \dfrac{650.000\ €}{300.000\ €} = 18,29\,\%$

Vergleicht man die beiden Resultate, so erkennt man, dass im zweiten Fall die Eigenkapitalrentabilität höher ist, obwohl das Eigenkapital im Vergleich zum ersten Fall niedriger ist. Hierbei handelt es sich um den so genannten Leverage-Effekt.

3 $EKR = 9\,\% + \left(9\,\% - 11\,\%\right) \times \dfrac{900.000\ €}{100.000\ €} = -9\,\%$

Die Fremdkapitalzinsen sind in diesem Fall höher als die Gesamtkapitalrentabilität, damit tritt der negative Leverage-Effekt ein, die Eigenkapitalrentabilität ist deshalb in diesem Beispiel negativ und beträgt – 9 %.

Praxistipps

- Durch die Variation des Verschuldungsgrades (Verhältnis von Fremdkapital zu Eigenkapital) sowie durch wechselnde Fremdkapitalzinsen verändert sich die Eigenkapitalrentabilität.

- Mit einer zunehmenden Verschuldung haben Sie die Chance, Ihre Eigenkapitalrentabilität zu erhöhen, solange die Gesamtkapitalrentabilität größer ist als der Fremdkapitalzinssatz.

Finanzierungskennzahlen

Übung 27

🕐 **6 min**

Von der XY-GmbH, einem Unternehmen der Energiewirtschaft, ist die nachfolgende Bilanz bekannt. Alle Angaben in T€.

Aktiva			Bilanz XY–GmbH		Passiva
	2008	2007		2008	2007
Sachanlagen	1.660	1.420	gez. Kapital	1.400	1.000
Finanzanlagen	260	200	Gewinnrücklage	400	260
Σ Anlagevermögen	**1.920**	**1.620**	Σ Eigenkapital	**1.800**	**1.260**
Vorräte	1.200	1.550	lfr. Rückstellungen	40	30
Forderungen	600	310	lfr. Darlehen	1.600	1,230
Liquide Mittel	280	120	Σ lfr. Fremdkapital	**1.640**	**1.260**
Σ Umlaufvermögen	**2.080**	**1.980**			
			kfr. Rückstellungen	40	30
			kfr. Verbindlichkeiten	520	1.050
			Σ kfr. Fremdkapital	**560**	**1.080**
Σ Vermögen	**4.000**	**3.600**	Σ Kapital	**4.000**	**3.600**

Ermitteln Sie die drei Kennziffern Eigenkapitalquote, Anspannungsquote (Fremdkapitalquote) und Selbstfinanzierungsgrad.

Lösungstipps

$$Eigenkapitalquote = \frac{Eigenkapital}{Gesamtkapital} \times 100$$

$$Fremdkapitalquote = \frac{Fremdkapital}{Gesamtkapital} \times 100$$

$$Selbstfinanzierungsgrad = \frac{Gewinnrücklagen}{Eigenkapital} \times 100$$

Lösung

Kennzahlen	2008	2007
Eigenkapitalquote	45,0 %	35,0 %
Fremdkapitalquote	55,0 %	65,0 %
Selbstfinanzierungsgrad	22,2 %	20,6 %

Praxistipps

- Je höher der Eigenkapitalanteil am Gesamtkapital ist, desto kreditwürdiger, unabhängiger und konkurrenzfähiger ist ein Unternehmen.

- Der Selbstfinanzierungsgrad zeigt die Thesaurierungsfähigkeit und -bereitschaft eines Unternehmens an. Dabei versteht man unter Thesaurierung die Nichtausschüttung von Gewinnen, die einbehalten und dem Eigenkapital des Unternehmens zugeführt werden.

Liquiditätsanalyse

Übung 28
🕐 **10 min**

Anhand der Daten aus Übung 27 ermitteln Sie bitte die folgenden Kennzahlen:

- Deckungsgrade A und B
- Liquidität 1., 2. und 3. Grades

Lösungstipps

Deckungsgrade:

Bei der langfristigen Liquiditätsanalyse werden Deckungsrelationen bestimmt, die zur Kontrolle der Fristenkongruenz dienen. Der Deckungsgrad A, die „goldene Bankregel", drückt aus, in welchem Umfang die langfristig investierten Vermögensteile durch Eigenkapital gedeckt sind.

$$\text{Deckungsgrad A} = \frac{\text{Eigenkapital}}{\text{Anlagevermögen}} \times 100$$

$$\text{Deckungsgrad B} = \frac{\text{Eigenkapital} + \text{langfristiges Fremdkapital}}{\text{Anlagevermögen}} \times 100$$

Liquiditätsgrade:

Diese Kennzahlen sagen aus, bis zu welchem Grad ein Unternehmen mit seinen liquiden Mitteln und Forderungen seine kurzfristigen Schulden bezahlen kann.

$$\text{Liquidität 1. Grades} = \frac{\text{liquide Mittel}}{\text{kurzfristiges Fremdkapital}} \times 100$$

Liquide Mittel = Kasse + Bankguthaben + Schecks + sofort veräußerbare
                 Wertpapiere

Kurzfristiges Fremdkapital = kurzfristige Bankverbindlichkeiten
                           + Verbindlichkeiten aLuL
                           + sonstige kurzfristige Verbindlichkeiten
                           + sonstige Rückstellungen
                           + passive Rechnungsabgrenzungsposten
                           + Dividendenausschüttungen

$$\text{Liquidität 2. Grades} = \frac{\text{monetäres Umlaufvermögen}}{\text{kurzfristiges Fremdkapital}} \times 100$$

Monetäres Umlaufvermögen = liquide Mittel
                         + Forderungen aLuL
                         + sonstige kurzfristige Vermögensgegenstände
                         + aktive RAP ohne Disagio

$$\text{Liquidität 3. Grades} = \frac{\text{Umlaufvermögen}}{\text{kurzfristiges Fremdkapital}} \times 100$$

Lösung

Kennzahlen	2008	2007
Deckungsgrad A	94 %	78 %
Deckungsgrad B	179 %	156 %
Liquidität 1. Grades	50 %	11 %
Liquidität 2. Grades	157 %	40 %
Liquidität 3. Grades	371 %	183 %

Beurteilung der Finanzlage   Übung 29
🕐 **20 min**

Für die Kennzahlenanalyse liegen Ihnen diese Daten vor (T€):

Ausgewählte Posten aus der Bilanz	2008	2007
Forderungen aLuL	9.500	8.750
sonstige kurzfristige Vermögensgegenstände	2.500	3.250
Vorräte	25.500	25.000
Wertpapiere (jederzeit veräußerbar)	2.500	2.800
Bankguthaben, Kasse	5.000	4.500
aktiver RAP (Disagio)	400	400
Verbindlichkeiten aLuL	5.600	5.000
kurzfristige Bankverbindlichkeiten	27.500	25.000
sonstige kurzfristige Verbindlichkeiten	2.500	5.500
Pensionsrückstellungen (2006: 6.000 T€)	7.500	7.000
sonstige Rückstellungen	1.500	1.500
passiver Rechnungsabgrenzungsposten	750	750
Ausgewählte Posten aus der GuV	**2008**	**2007**
Umsatzerlöse	312.000	290.000
Abschreibungen	2.500	3.000
- davon auf Anlagevermögen	2.000	2.500
Materialaufwand	110.000	115.000
- davon RHB-Stoffe	100.000	105.000
HK der zur Erzielung der Umsatzerlöse erbrachten Leistungen	150.000	145.000
Jahresüberschuss/-fehlbetrag	5.000	4.500
Ausgewählte Zusatzinformationen	**2008**	**2007**
Anzahl Mitarbeiter	1.500	1.550
Ø Lagerbestand an RHB-Stoffen	15.000	17.000
Ø Bestand an fertigen/unfertigen Erzeugn.	10.500	8.000

Berechnen Sie die folgenden Kennzahlen:

- Cashflow,
- Liquidität 1., 2. und 3. Grades,
- Working Capital, Kreditorenlaufzeit,
- Debitorenlaufzeit,
- Lagerdauer,
- Lagerdauer der RHB-Stoffe,
- Lagerdauer der unfertigen und fertigen Erzeugnisse

Lösungstipps

Ermittlung des Cashflows nach der Praktikerformel:

	Jahresüberschuss/-fehlbetrag
+	Abschreibungen auf Anlagevermögen
–	Zuschreibungen auf Anlagevermögen
+	Erhöhungen von langfristigen Rückstellungen
–	Minderungen von langfristigen Rückstellungen
=	**Cashflow**

$$\text{Liquidität 1. Grades} = \frac{\text{liquide Mittel}}{\text{kurzfristiges Fremdkapital}} \times 100$$

Liquide Mittel = Kasse + Bankguthaben + Schecks + sofort veräußerbare Wertpapiere

Kurzfristiges Fremdkapital = kurzfristige Bankverbindlichkeiten
+ Verbindlichkeiten aLuL
+ sonstige kurzfristige Verbindlichkeiten
+ sonstige Rückstellungen
+ passive Rechnungsabgrenzungsposten
+ Dividendenausschüttungen

$$\text{Liquidität 2. Grades} = \frac{\text{monetäres Umlaufvermögen}}{\text{kurzfristiges Fremdkapital}} \times 100$$

Monetäres Umlaufvermögen = liquide Mittel
                           + Forderungen aLuL
                           + sonstige kurzfristige Vermögensgegenstände
                           + aktive RAP ohne Disagio

$$\text{Liquidität 3. Grades} = \frac{\text{Umlaufvermögen}}{\text{kurzfristiges Fremdkapital}} \times 100$$

Working Capital = Umlaufvermögen – kurzfr. Verbindlichkeiten

$$\text{Kreditorenlaufzeit} = \frac{\text{Verbindlichkeiten aLuL}}{\text{Materialaufwand}} \times 365 \text{ Tage}$$

$$\text{Debitorenlaufzeit} = \frac{\text{Forderungen aLuL}}{\text{Umsatz pro Jahr}} \times 365 \text{ Tage}$$

$$\text{Lagerdauer der Vorräte} = \frac{\text{Vorräte}}{\text{Materialaufwand}} \times 365 \text{ Tage}$$

Lagerdauer der RHB – Stoffe

$$= \frac{\text{durchschnittl. Lagerbestand an RHB – Stoffen}}{\text{Aufwendungen an RHB – Stoffen}} \times 365 \text{ Tage}$$

Lagerdauer der unfertigen und fertigen Erzeugnisse

$$= \frac{\text{durchn. Lagerbestand an fert. und unfert. Erzeug.}}{\text{Herstellungskosten des Umsatzes}} \times 365 \text{ Tage}$$

Lösung

	2008	2007
Erhöhung der langfristigen Rückstellungen	500 T€	1.000 T€
Cashflow	7.500 T€	8.000 T€
Liquide Mittel	7.500 T€	7.300 T€
Kurzfristiges Fremdkapital	37.850 T€	37.750 T€
Liquidität 1. Grades	19,82 %	19,34 T€
Monetäres Umlaufvermögen	19.500 T€	19.300 T€
Liquidität 2. Grades	51,52 T€	51,13 T€
Liquidität 3. Grades	119,95 T€	118,41 T€
Working Capital	7.550 T€	6.950 T€
Kreditorenlaufzeit	18,58 Tage	15,87 Tage
Debitorenlaufzeit	11,11 Tage	11,01 Tage
Lagerdauer der Vorräte	84, 61 Tage	79,34 Tage
Lagerdauer der RHB-Stoffe	54,75 Tage	59,09 Tage
Lagerdauer der unfertigen und fertigen Erzeugnisse	25,55 Tage	20,14 Tage

Praxistipp

Je kürzer die Debitorenlaufzeit und je schneller der Lager-
umschlag, desto besser ist es für die Liquidität.

EBIT und EBITDA

Übung 30
🕐 **8 min**

Von einem Unternehmen liegen zum Jahresende folgende Informationen vor: Die Herstellungskosten für 25.530 Fertigerzeugnisse betrugen 42.850 T€. Während des Geschäftsjahres wurden 20.759 Stück abgesetzt, damit wurde ein Umsatz von 40.597 T€ erzielt. Neben den Umsätzen aus dem Verkauf von Fertigprodukten wurden Beteiligungserträge in Höhe von 636 T€ erwirtschaftet. Die sonstigen betriebliche Erträge belaufen sich auf 1.741 T€. Die Vertriebskosten betrugen 2.685 T€. Die Kosten für die Verwaltung werden mit 876 T€ ausgewiesen. In den Bereich Forschung und Entwicklung flossen Gelder in Höhe von 2.666 T€. Weitere betriebliche Aufwendungen schlugen mit 748 T€ zu Buche. Die Abschreibungen auf Sachanlagen betrugen 328 T€. Berechnen Sie den EBIT und EBITDA nach dem Umsatzkostenverfahren. Ermitteln Sie zusätzlich die EBIT- und EBITDA-Margen.

Lösungstipps

Im § 275 Abs. 3 HGB ist das Umsatzkostenverfahren dargestellt. Das EBIT (Earnings before Interest and Taxes) zeigt das Ergebnis vor Zinsen und Ertragsteuern und entspricht dem operativen Betriebsergebnis. Das EBITDA (Earnings before Interest, Taxes, Depreciation and Amortization) berücksichtigt auch die Abschreibungen.

$$\text{EBIT-Marge} = \frac{\text{EBIT}}{\text{Umsatzerlöse}} \times 100 \qquad \text{EBITDA-Marge} = \frac{\text{EBITDA}}{\text{Umsatzerlöse}} \times 100$$

Lösung

EBIT/EBITDA-Berechnungsschema anhand des Umsatzkostenverfahrens (Angaben in T€)	
Umsatzerlöse	40.597,00
− Herstellkosten des Umsatzes	− 34.842,27
= Bruttoergebnis vom Umsatz	**= 5.754,73**
− Vertriebskosten	− 2.685,00
− allgemeine Verwaltungskosten	− 876,00
+ sonstige betriebliche Erträge	+ 1.741,00
+ Beteiligungserträge	+ 636,00
− sonstige betriebliche Aufwendungen	− 748,00
− F & E (Forschungs- und Entwicklungskosten)	− 2.666,00
= EBIT	**= 1.156,73**
+ Abschreibungen auf Sachanlagen	+ 328,00
= EBITDA	**=1.484,73**

$$\text{EBIT-Marge} = \frac{1.156,73 \text{ T€}}{40.597,00 \text{ T€}} \times 100 = 2,85 \%$$

$$\text{EBITDA-Marge} = \frac{1.484,73 \text{ T€}}{40.597,00 \text{ T€}} \times 100 = 3,66 \%$$

Praxistipp

Das EBITDA wird gerne von Unternehmen verwendet, die andere Firmen gekauft haben, da das Jahresergebnis solcher Unternehmen nach den Abschreibungen häufig einbricht.

Materialwirtschaft

In diesem Kapitel lernen Sie

- die Ermittlung der optimalen Bestellmenge und Bestellhäufigkeit,

- die Berechnung der Lieferzuverlässigkeit, -bereitschaft, -beschaffenheit und der Lagerkosten,

- die Lagerkennziffern (durchschnittlicher Lagerbestand und Lagerdauer, Lagerkapazitätsauslastungsgrad, Lagerumschlaghäufigkeit) anzuwenden,

- die Beurteilung der Lagerproduktivität.

Darum geht es in der Praxis

Die Materialwirtschaft hat in den vergangenen Jahren an Bedeutung gewonnen. Dies wird sich auch in der Zukunft fortsetzen. Die Wirtschaftlichkeit von Beschaffungs-, Lagerungs- und Verteilungsprozessen stellt einen wichtigen Faktor für den Unternehmenserfolg dar.

Eine der wesentlichen Aufgaben der Materialwirtschaft ist die zuverlässige Versorgung der Produktion mit Material. Dabei gilt es, die Kapitalbindung, sprich: die Lagerbestände, so niedrig wie möglich zu halten und andererseits die Materialien preisgünstig einzukaufen. Zu den Teilaufgaben der Materialwirtschaft gehören die Bedarfsermittlung, Disposition, Bestellmengenplanung, Qualitätskontrolle, Lagerung und der innerbetriebliche Transport.

Durch die Verwendung spezieller Kennziffern kann ein effektives Kontrollsystem im Lagerwesen geschaffen werden. Die Lagerkennziffern des Unternehmens können mit den Branchenwerten verglichen werden und man sieht, wo im Unternehmen noch Verbesserungs- und Handlungsbedarf besteht.

Eine effiziente Materialwirtschaft trägt dazu bei, Materialien kostengünstig zu beschaffen, die Durchlaufzeiten in der Produktion und Montage zu verringern, die Liefertermine pünktlicher und zuverlässiger einzuhalten und kleinere Produktionslose zu fertigen.

Beschaffungskennzahlen

Klassische Losgrößenformel   Übung 31
🕐 **8 min**

Ein Unternehmen der Möbelbranche hat für das kommende Jahr folgenden Bedarf an Designerglastüren prognostiziert:

Januar/Februar	520 Stück
März/April	480 Stück
Mai/Juni	500 Stück
Juli/August	450 Stück
September/Oktober	470 Stück
November/Dezember	510 Stück

Der Einstandspreis beträgt 50 €/Stück. Die auftragsfixen Kosten belaufen sich auf 120 € pro Bestellung. Als Zinsen werden 8 % und als Lagerkostensatz 12 % verrechnet.

Ermitteln Sie die optimale Bestellmenge und die optimale Bestellhäufigkeit. Wie verändert sich das Ergebnis, wenn bei unverändertem Jahresbedarf ab Jahresmitte zweischichtig gearbeitet wird? Welche Auswirkungen hat es, wenn die Bedarfsprognose wie folgt revidiert werden muss?

Januar/Februar	510 Stück
März/April	460 Stück
Mai/Juni	450 Stück
Juli/August	540 Stück
September/Oktober	480 Stück
November/Dezember	490 Stück

Lösungstipps

Die Berechnung der optimalen Losgröße erfolgt nach dem Andler'schen Losgrößenverfahren. Die Andler'sche Losgrößenformel darf nur angewandt werden, wenn Bedarfs- und Beschaffungsmenge identisch und die Einstandspreise konstant und unabhängig von Bestellmenge und –zeitpunkt sind.

$$\text{Optimale Bestellmenge} = x_{opt} = \sqrt{\frac{200 \times M \times a}{p \times q}}$$

$$\text{Optimale Bestellhäufigkeit} = n_{opt} = \sqrt{\frac{M \times p \times q}{200 \times a}}$$

x_{opt} = optimale Bestellmenge, n_{opt} = optimale Bestellhäufigkeit

M = Jahresbedarfsmenge, a = auftragsfixe Kosten

p = Einstandspreis pro Mengeneinheit

q = Zins- und Lagerhaltungskostensatz pro Jahr (in %)

Lösung

$$x_{opt} = \sqrt{\frac{200 \times 2.930 \times 120}{50 \times 20}} = \sqrt{70.320} = 265 \text{ Stück}$$

$$n_{opt} = \sqrt{\frac{2.930 \times 50 \times 20}{200 \times 120}} = \sqrt{122} = 11 \text{ Bestellungen}$$

Die Rechnung führt auch bei den genannten Änderungen zum gleichen Ergebnis, da sich die Jahresbedarfsmenge nicht geändert hat.

Logistikkennzahlen

Übung 32
🕐 **6 min**

Das Unternehmen „KOPRA" produziert Designerstühle der Typen A und B. Diese werden an ein Möbelhaus verkauft.

Typ	Anzahl	Soll–Termin	Lagerbestand	Ist–Termin
A	1) 500	1) 01.01.2008	600	1) 01.01.2008
	2) 500	2) 15.01.2008		2) 25.01.2008
B	1.250	01.05.2008	1.600	15.05.2008

Typ A: Nach drei Monaten, d. h. am 05.04.2008, lösen sich bei einigen Stühlen die Stuhlbeine ab. Der Ausschuss beträgt insgesamt 30 Stück. Bei der zweiten Lieferung von Typ A ist es zu einer Verspätung wegen des Spediteurs gekommen.

Typ B: Die zweite Lieferung wurde wegen einer Großreparatur an der Lackieranlage mit Verspätung ausgeliefert.

Berechnen Sie die Lieferzuverlässigkeit, die Lieferbereitschaft und die Lieferbeschaffenheit aufgrund dieser Informationen.

Lösungstipps

$$\text{Lieferzuverlässigkeit} = \frac{\text{Anzahl termingerecht ausgelieferter Bedarfsanforderungen}}{\text{Gesamtanzahl der Bedarfsanforderungen}}$$

Die Lieferzuverlässigkeit umfasst die optimale Verfügbarkeit von Waren nach Art, Menge, Zeitpunkt, Ort und Qualität.

$$\text{Lieferbereitschaft} = \frac{\text{ab Lager erfüllte Bedarfsanforderungen}}{\text{Gesamtanzahl der Bedarfsanforderungen}}$$

Die Lieferbereitschaft oder der Lieferservice drücken die Sicherheit aus, mit der ein angeforderter Bedarf des Kunden durch das Unternehmen befriedigt werden kann.

$$\text{Lieferbeschaffenheit} = \frac{\text{Anzahl der Beanstandungen}}{\text{Gesamtzahl der Bedarfsanforderungen}}$$

Die Lieferbeschaffenheit beschreibt Qualität und Zustand der Lieferung bei der Ankunft beim Kunden.

Lösung

$$\text{Lieferzuverlässigkeit} = \frac{500}{2.250} \times 100 = 22,22\,\%$$

$$\text{Lieferbereitschaft} = \frac{600 + 1.250}{2.250} \times 100 = 82,22\,\%$$

$$\text{Lieferbeschaffenheit} = \frac{30}{2.250} \times 100 = 1,33\,\%$$

Praxistipp

Die Einhaltung der Lieferzuverlässigkeit und -beschaffenheit ist Grundvoraussetzung für eine erfolgreiche Zusammenarbeit zwischen Lieferanten und Kunden und damit die Aufrechterhaltung der Geschäftsbeziehung.

Lagerkennziffern

Lagerkennziffern

Übung 33
🕐 **15 min**

Bei einem Artikel wird vermutet, dass die Lagerkosten zu hoch sind. Von den 200 m² Gesamtlagerfläche sind nur zehn Regale mit einer Fläche von jeweils 150 m² belegt. Die Geschäftsführung bittet um Prüfung der Zahlen aus dem vergangenen Jahr. Die Lagerfachkarte enthält folgende Zahlen:

Datum	Zugang [Stück]	Abgang [Stück]	Bestand [Stück]	Verkaufs- preis [€]
2008-01-01			50	250
2008-01-22	30			250
2008-02-25		20		250
2008-03-31			60	250
2008-04-18	30			249
2008-05-12		50		249
2008-06-15		30		249
2008-07-19	30			249
2008-08-31		14		239
2008-09-16		6		239
2008-10-20	30			239
2008-11-19		24		239
2008-12-31		6		229

Ermitteln Sie den durchschnittlichen Lagerbestand, den Lagerkapazitätsauslastungsgrad, die Lagerumschlagshäufigkeit, die durchschnittliche Lagerdauer und den Lagerzinssatz (der Jahreszinssatz lag bei 12 %).

Lösung

- Ermittlung des durchschnittlichen Lagerbestands:

Nr.	Datum	Zugang [Stück]	Abgang [Stück]	Bestand [Stück]
1	2008-01-01			50
2	2008-01-22	30		80
3	2008-02-25		20	60
4	2008-03-31			60
5	2008-04-18	30		90
6	2008-05-12		50	40
7	2008-06-15		30	10
8	2008-07-19	30		40
9	2008-08-31		14	26
10	2008-09-16		6	20
11	2008-10-20	30		50
12	2008-11-19		24	26
13	2008-12-31		6	20
			150	**572**

$$\text{Durchschnittlicher Lagerbestand} = \frac{\text{Anfangsbestand} + 12\,\text{Monatsendbestände}}{13} = \frac{572\,\text{St.}}{13} = 44\,\text{St.}$$

Der durchschnittliche Lagerbestand zeigt an, wie viel betriebliches Kapital im Lager gebunden ist.

- Ermittlung des Lagerkapazitätsauslastungsgrades:

$$\text{Lagerkapazitätsauslastungsgrad} = \frac{\text{belegte Lagerfläche}}{\text{Gesamtlagerfläche}} \times 100$$

$$= \frac{150\,\text{m}^2}{200\,\text{m}^2} \times 100 = 75\,\%$$

- Ermittlung der Lagerumschlagshäufigkeit:

$$\text{Lagerumschlaghäufigkeit} = \frac{\text{Materialverbrauch pro Jahr}}{\text{durchschnittlicher Lagerbestand}}$$

$$= \frac{150\,\text{St.}}{44\,\text{St.}} = 3,41$$

Materialverbrauch = Summe der Materialabgänge

- Ermittlung der durchschnittlichen Lagerdauer:

$$\text{Durchschnittliche Lagerdauer} = \frac{365\,\text{Tage}}{\text{Lagerumschlaghäufigkeit}}$$

$$= \frac{365\,\text{Tage}}{3,41} = 107\,\text{Tage}$$

- Ermittlung des Lagerzinssatzes:
  Diese Kennzahl zeigt Ihnen, wie viel (an Zinsen) Sie das in Lagerbeständen gebundene Kapital kostet.

$$\text{Lagerzinssatz} = \frac{\text{durchschnittliche Lagerdauer} \times \text{Jahreszinssatz}}{365\,\text{Tage}}$$

$$= \frac{107\,\text{Tage} \times 12\,\%}{365\,\text{Tage}} = 3,52\,\%$$

Praxistipps

- Durch eine Kostensenkung in der Materialwirtschaft kann man erheblich zur Verbesserung der Rentabilität im Unternehmen beitragen, und zwar im Hinblick auf den Anteil der in einem Unternehmen anfallenden Materialkosten an den Gesamtkosten der Produktion sowie durch einen hohen Anteil der Lagervorräte im Umlaufvermögen.

- In schlecht geführten Unternehmen besteht häufig ein hoher Lagerbestand und die gelagerte Handelsware sowie die Vorräte sind oft schon etwas älter. Das ist unwirtschaftlich. Diese Vorräte werden oft über Kredite finanziert. Zusätzlich bindet die Lagerware noch eigenes Kapital. Zu den Fremdkapitalzinsen müssen noch die Kosten für Lagerräume, Lagerverwaltung und die Wertminderung (Wertverluste durch technisches Veraltern, Preisverfall, Beschädigung, Modewandel, Diebstahl etc.) hinzuaddiert werden. Ziel sollte es sein, die Kapitalbindung so gering wie möglich zu halten.

Lagerhaltungskostensatz

Übung 34
🕑 **12 min**

Der Lagerbestand eines Unternehmens betrug 2008:

Material-Nr.	Stück	Einstandspreis	Gesamtwert
Y01	6.000	100 €	600.000 €
Y02	9.000	200 €	1.800.000 €
Y03	7.000	1.000 €	7.000.000 €
Y04	10.000	50 €	500.000 €
Y05	2.000	300 €	600.000 €
Y06	15.000	450 €	6.750.000 €
Y07	11.000	100 €	1.100.000 €
Y08	4.000	800 €	3.200.000 €
Y09	8.000	250 €	2.000.000 €
Y10	5.000	500 €	2.500.000 €

Für das Lager gilt die folgende Kostenaufstellung:

Lagergutkosten	100.000 €
Lagerraumkosten	140.000 €
Lagerpersonalkosten	750.000 €
Lagergemeinkosten	190.000 €

Es wird mit einem kalkulatorischen Zinssatz von 8 % gerechnet.

Ermitteln Sie a) den Lagerkostensatz des Unternehmens, b) den Lagerhaltungskostensatz, c) die Lagerkosten pro Einheit des Materials Y08 sowie d) die Lagerhaltungskosten pro Einheit des Materials Y08.

Lösung

a) $\text{Lagerkostensatz} = \dfrac{\text{Gesamtlagerkosten} \times 2}{\text{Lagerbestandswert}} \times 100$

$= \dfrac{(100.000 + 140.000 + 750.000 + 190.000) \times 2}{\left(\begin{array}{l} 600.000 + 1.800.000 + 7.000.000 + 500.000 \\ + 600.000 + 6.750.000 + 1.100.000 \\ + 3.200.000 + 2.000.000 + 2.500.000 \end{array}\right)} \times 100$

$= \dfrac{1.180.000\ \text{€} \times 2}{26.050.000\ \text{€}} \times 100 = 9,06\ \%$

b) Lagerhaltungskostensatz
= Lagerkostensatz + Zinsen des gebundenen Kapitals

$= 9,06\ \% + 8,0\ \% = 17,06\ \%$

c) Lagerkosten pro Einheit für Material Y08
= Einstandspreis × Lagerkostensatz

= 800 €/St. × 0,0906 = 72,48 €/St.

d) Lagerhaltungskostensatz pro Einheit für Material Y08
= Einstandspreis × Lagerhaltungskostensatz

= 800 €/St. × 0,1706 = 136,48 €/St.

Praxistipp

Bei den Lagerkosten handelt es sich um Sach- und Personal-
kosten. Die wesentlichen Kostenfaktoren sind Personal-, Ge-
bäude-, Energie-, Instandhaltungs-, Versicherungs- und Um-
lagekosten sowie Abschreibungen, Zinsen und Kosten des
Schwundes. Diese Kosten sollte man gering halten.

Lagerproduktivität

Übung 35
🕐 **15 min**

Das Handelsunternehmen A stand 2007 nahe vor der Insolvenz, weil im Lager kein Controlling durchgeführt und nur nach dem Prinzip „Pi mal Daumen" kalkuliert und gehandelt wurde. Im Jahr 2008 führte die Geschäftsführung das Controlling sowie erhebliche Rationalisierungen im Bereich Lager ein. Die folgenden Daten liegen vor:

Jahr	2008	2007
Umsatz	30.000.000 €	25.000.000 €
Durchschnittlicher Lagerbestand	6.000.000 €	8.800.000 €
Lagerzeit in Tagen	40	53
Zins- und Lagerkostensatz in Prozent (Verzinsung Lagerbestand, Kapitalkosten Logistikanlagen, Flächenkosten, Personalkosten)	20,00 %	20,00 %
Ein- und Auslagerungen pro Jahr	70.000	78.000
Arbeitsstunden Lageristen pro Jahr	4.050 h	4.900 h
Genutzte Lagerfläche in m²	650 m²	650 m²
Verfügbare Lagerfläche in m²	700 m²	1.200 m²
Innerbetriebliche Transporte pro Jahr	80.000	99.000
Arbeitsstunden Transporte pro Jahr	1.750 h	2.200 h

Berechnen Sie die Kennzahlen a) Gesamtumschlagshäufigkeit, b) Kapitalbindungskosten, c) Lagerproduktivität, d) Lagerkapazitätsauslastungsgrad und e) Transportproduktivität.

Lösung

Zunächst werden beispielhaft die Kennzahlen für das Jahr 2007 ermittelt.

a) $\text{Gesamtumschlagshäufigkeit} = \dfrac{\text{Umsatz}}{\text{Lagerbestand}}$

$$= \dfrac{25.000.000\ \text{€}}{8.800.000\ \text{€}} = 2,84$$

b) Kapitalbindungskosten

$$= \text{Wert Lagerbestände} \times \dfrac{\text{Lagerzeit}}{365\ \text{Tage}} \times \text{Zins- u. Lagerkostensatz}$$

$$= 8.800.000\ \text{€} \times \dfrac{53\ \text{Tage}}{365\ \text{Tage}} \times 0,20 = 255.561,64\ \text{€}$$

c) $\text{Lagerproduktivität} = \dfrac{\text{Ein- und Auslagerungen}}{\text{Arbeitsstunden der Lageristen}}$

$$= \dfrac{78.000\ \text{St.}}{4.900\ \text{h}} = 15,92\ \text{St./h}$$

d) $\text{Lagerkapazitätsauslastung} = \dfrac{\text{belegte Lagerfläche}}{\text{Gesamtlagerfläche}} \times 100$

$$= \dfrac{650\ \text{m}^2}{1.200\ \text{m}^2} \times 100 = 54,17\ \%$$

e) $\text{Transportproduktivität} = \dfrac{\text{Anzahl Transporte}}{\text{Arbeitsstunden Transporte}}$

$$= \dfrac{99.000\ \text{Tr.}}{2.200\ \text{h}} = 45\ \text{Transporte/h}$$

Die Ergebnisse auf einen Blick

Jahr	2008	2007
Gesamtumschlagshäufigkeit	5,00	2,84
Kapitalbindungskosten [€]	131.507	255.562
Lagerproduktivität [St./h]	17,28	15,92
Lagerkapazitätsauslastungsgrad [%]	92,86	54,17
Transportproduktivität [Tr./h]	46	45

Ergebnisanalyse

- Die Umschlagshäufigkeit wurde erheblich verbessert. Das könnte daran liegen, dass der Umsatz im Jahr 2008 durch effektive Werbemaßnahmen gestiegen und der Lagerbestand durch Rationalisierung gesunken ist.

- Die Rationalisierungsmaßnahmen im Lagerbestand haben sich natürlich auch positiv auf die Kapitalbindungskosten im Lager ausgewirkt. So sind die Kosten dafür um ca. 48,54 % gesunken.

- Die Ein- und Auslagerungen könnten durch größere Losgrößen minimiert worden sein. Damit verbunden konnten die Arbeitsstunden für die Lageristen erheblich gesenkt werden. Dies schlägt sich positiv in der Lagerproduktivität nieder.

- Durch die Verringerung der überflüssigen Lagerfläche hat sich der Lagerkapazitätsauslastungsgrad vom Jahr 2007 zum Jahr 2008 deutlich verbessert. Darüber hinaus haben sich auch die Anzahl der Transporte sowie die Arbeitsstunden für den Transport reduziert, was sich wiederum positiv auf die Transportproduktivität niederschlägt.

Kapitalbedarfsermittlung   Übung 36
🕐 4 min

Bei einem Produktionsbetrieb fallen für das Umlaufvermögen Material-, Lohn- und sonstige Kosten an. Es fallen täglich Auszahlungen in Höhe von 6.000 € an. Ihnen liegen die folgenden Informationen vor:

– Lagerdauer der Rohstoffe	25 Tage
– Lieferantenziel	40 Tage
– Vorproduktion	15 Tage
– Zwischenlager	5 Tage
– Montage	10 Tage
– Fertigwarenlager	5 Tage

Berechnen Sie den Kapitalbedarf für das Umlaufvermögen.

Lösung

Zunächst wird die Bindungsdauer berechnet:

Bindungsdauer = $\sum$ Bindungsdauer – Lieferantenziel

(25 + 15 + 5 + 10 + 5) Tage – 40 Tage = 20 Tage

Kapitalbedarf = 20 Tage x 6.000 €/Tag = 120.000 €

Der Kapitalbedarf für das Umlaufvermögen beträgt daher 120.000 €.

Investitionsrechnung

In diesem Kapitel lernen Sie die Wirtschaftlichkeitsrechnungen der statischen und dynamischen
Investitionsrechenverfahren kennen. Sie üben

- die Kostenvergleichsrechnung,
- das Ersatzproblem,
- die Gewinnvergleichsrechnung,
- die Rentabilitätsrechnung,
- die Amortisationsrechnung,
- die Kapitalwertmethode,
- die interne Zinsfußmethode und
- die Annuitätenmethode.

Darum geht es in der Praxis

Bei einer Investitionsentscheidung handelt es sich meist um die Auswahl von mindestens zwei Alternativen. Ein Investor entscheidet sich grundsätzlich für die Alternative, die ihm den höchsten Ertrag verspricht. Die Investitionsalternativen werden anhand ihrer zukünftigen Ein- und Auszahlungen beurteilt. Die statische Investitionsrechnung (Einperiodenmodell) geht davon aus, dass der Zahlungsfluss der Investition in allen Planperioden gleich ist. Die dynamischen Investitionsverfahren berücksichtigen zum einen unterschiedliche Zahlungsflüsse in den Planperioden, zum anderen den Zinseffekt.

Die Investitionsentscheidung legt langfristig fest, was und wie viel zukünftig produziert werden kann. Außerdem bestimmt sie die Kostenstruktur (fix, variabel) und vergrößert mit jeder erfolgten Investition den nicht oder schwer kompensierbaren Fixkostenblock (kurzfristige Inelastizität).

Eine Investitionsentscheidung hat langfristige Folgen, die nur schwer und mit hohem Kostenaufwand zu korrigieren sind. Daher ist es notwendig, den Entscheidungsprozess optimal zu organisieren, um Fehlentscheidungen zu vermeiden. Jede sinnvolle Entscheidung basiert auf Informationen über die geplante Investition. Die Investitionsplanung muss alle Investitionsobjekte des Unternehmens einschließen und sich an den langfristigen Zielen des Unternehmens orientieren.

Statische Investitionsrechnung

Kostenvergleichsrechnung   Übung 37
🕐 **12 min**

Ein Unternehmen möchte eine neue Werkzeugmaschine anschaffen. Zur Auswahl stehen zwei Alternativen: Investitionsobjekt A und Investitionsobjekt B. Welches ist kostengünstiger? Es liegen folgende Informationen vor:

	Investitionsobjekt A	Investitionsobjekt B
Anschaffungskosten [€]	330.000	500.000
Restwert [€]	30.000	50.000
Nutzungsdauer [Jahre]	10	10
Kapazität [Stück/Jahr]	30.000	30.000
Kalkulationszinssatz [%]	8	8
Raumkosten [€/Jahr]	7.000	6.000
Instandhaltungskosten [€/Jahr]	6.000	3.000
Gehälter [€/Jahr]	50.000	50.000
Sonstige fixe Kosten [€/Jahr]	5.000	7.000
Löhne [€/Jahr]	100.000	90.000
Materialkosten [€/Jahr]	450.000	400.000
Energiekosten [€/Jahr]	4.500	4.000
Werkzeugkosten [€/Jahr]	9.000	8.500
Sonstige variable Kosten [€/Jahr]	5.000	5.000

Lösungstipps

Zunächst müssen sowohl die kalkulatorischen Abschreibungen als auch die kalkulatorischen Zinsen ermittelt werden:

Kalkulatorische Abschreibungen

$$= \frac{\text{Anschaffungskosten} - \text{Restwert}}{\text{Nutzungsdauer}}$$

Kalkulatorische Zinsen

$$= \frac{\text{Anschaffungskosten} + \text{Restwert}}{2} \times \text{Kalkulationszinssatz}$$

Lösung

Kostenvergleich pro Periode	Investitionsobjekt A	Investitionsobjekt B
Abschreibungen [€/Jahr]	30.000	45.000
Zinsen [€/Jahr]	14.400	22.000
Raumkosten [€/Jahr]	7.000	6.000
Instandhaltungskosten [€/Jahr]	6.000	3.000
Gehälter [€/Jahr]	50.000	50.000
Sonstige fixe Kosten [€/Jahr]	5.000	7.000
Fixe Kosten gesamt [€/Jahr]	**112.400**	**133.000**
Löhne [€/Jahr]	100.000	90.000
Materialkosten [€/Jahr]	450.000	400.000
Energiekosten [€/Jahr]	4.500	4.000
Werkzeugkosten [€/Jahr]	9.000	8.500
Sonstige variable Kosten [€/Jahr]	5.000	5.000
Variable Kosten gesamt [€/Jahr]	**568.500**	**507.500**
Gesamte Kosten [€/Jahr]	**680.900**	**640.500**
Kostendifferenz A – B [€/Jahr]	**+ 40.400**	

Kostengünstiger ist das Investitionsobjekt B.

Ersatzproblem

Übung 38
🕐 **20 min**

Ein Unternehmen möchte seine alte Verpackungsmaschine durch eine neue ersetzen. Die Daten der beiden Maschinen entnehmen Sie bitte der nachfolgenden Tabelle:

Maschine:	alt	neu
Anschaffungskosten [€]		410.000
Restwert [€]		50.000
Nutzungsdauer [Jahre]	3	12
Kapazität [Stück/Jahr]	30.000	40.000
Zinsen [%]	10	10
Liquidationserlös alte Anlage Ende des 9. Jahres [€]	40.000	
Liquidationserlös alte Anlage Ende des 12. Jahres [€]	10.000	
Raumkosten [€/Jahr]	7.000	6.000
Instandhaltungskosten [€/Jahr]	5.000	2.000
Gehälter [€/Jahr]	70.000	70.000
Sonstige fixe Kosten [€/Jahr]	3.000	5.000
Löhne [€/Jahr]	160.000	140.000
Materialkosten [€/Jahr]	200.000	190.000
Energiekosten [€/Jahr]	6.000	5.000
Werkzeugkosten [€/Jahr]	9.000	8.000
Sonstige variable Kosten [€/Jahr]	5.000	4.000

Lohnt es sich, die neue Maschine zu kaufen, oder sollte das Unternehmen die alte Maschine noch ein paar Jahre weiternutzen? Entscheiden Sie anhand des Stückkostenvergleichs.

Lösungstipps

Die alte Maschine sollte dann durch die neue ersetzt werden, wenn die entscheidungsrelevanten Stückkosten K_{neu} der neuen Maschine geringer sind als die entscheidungsrelevanten Stückkosten K_{alt} der alten Maschine.

Kostenkriterium beim Ersatzproblem: $K_{neu} < K_{alt}$

$$K_{alt}^l + \frac{(L_0 - L_v)}{v} + \frac{L_0 + L_v}{2} \times i > K_{neu}^l + \frac{I_0 - RW_n}{n} + \frac{I_0 + RW_n}{2} \times i$$

L_0 = Liquidationserlös der alten Anlage zu Beginn des Planungszeitraums

L_v = Liquidationserlös der alten Anlage am Ende der Vergleichsperiode

RW_n = Restwert (Liquidationserlös) der neuen Anlage am Ende ihrer Nutzungsdauer

v = Umfang der Vergleichsperiode der alten Anlage [Jahre]

i = Kalkulationszinsfuß [%]

n = Nutzungsdauer der neuen Anlage [Jahre]

K_{alt}^l = laufende Kosten der alten Anlage je Zeitabschnitt

K_{neu}^l = laufende Kosten der neuen Anlage je Zeitabschnitt

K_{neu} = durchschnittliche Kosten der neuen Anlage je Zeitabschnitt

K_{alt} = Kosten der alten Anlage

Lösung

Zinsen der alten Maschine pro Jahr

$$= \frac{40.000\ € + 10.000\ €}{2} \times 0{,}1 = 2.500\ €/\text{Jahr}$$

Zinsen der alten Maschine pro Stück

$$= \frac{2.500\ €}{30.000\ \text{St.}} = 0{,}08\ €/\text{St.}$$

Zinsen der neuen Maschine pro Jahr

$$= \frac{410.000\ € + 50.000\ €}{2} \times 0{,}1 = 23.000\ €/\text{Jahr}$$

Zinsen der neuen Maschine pro Stück

$$= \frac{23.000\ €}{40.000\ \text{St.}} = 0{,}58\ €/\text{St.}$$

Verringerung Liquidationserlös alte Maschine pro Jahr

$$= \frac{40.000\ € - 10.000\ €}{3} = 10.000\ €/\text{Jahr}$$

Verringerung Liquidationserlös alte Maschine pro Stück

$$= \frac{10.000\ €}{30.000\ \text{St.}} = 0{,}33\ €/\text{St.}$$

Abschreibung der neuen Maschine pro Jahr

$$= \frac{410.000\ € - 50.000\ €}{12} = 30.000\ €/\text{Jahr}$$

Abschreibung der neuen Maschine pro Stück

$$= \frac{30.000\ €}{40.000\ \text{St.}} = 0{,}75\ €/\text{St.}$$

Kostenvergleich pro Leistungseinheit	alt	neu
Abschreibungen[€/St.]:	0	0,75
Verringerung des Liquidationserlöses [€/St.]	0,33	0
Zinsen [€/St.]	0,08	0,58
Raumkosten [€/St.]	0,23	0,15
Instandhaltungskosten [€/St.]	0,17	0,05
Gehälter [€/St.]	2,33	1,75
Sonstige fixe Kosten [€/St.]	0,1	0,13
Fixe Kosten pro Stück	3,24	3,41
Löhne [€/St.]	5,33	3,50
Materialkosten [€/St.]	6,67	4,75
Energiekosten [€/St.]	0,20	0,13
Werkzeugkosten [€/St.]	0,30	0,20
Sonstige variable Kosten [€/St.]	0,17	0,10
Variable Kosten pro Stück [€/St.]	**12,67**	**8,68**
Gesamte Kosten pro Stück [€/St.]	**15,91**	**12,09**
Kostendifferenz alt – neu [€/St.]	**+ 3,82**	

Es ist vorteilhaft, die alte Maschine zum Ende des neunten Jahres zu ersetzen und in die neue Maschine zu investieren, da diese um 3,82 €/Stück niedrigere Kosten verursacht.

Praxistipp

Die Alternative mit den geringsten Stückkosten ist vorzuziehen.

Gewinnvergleichsrechnung

Übung 39
🕐 **6 min**

Ein Unternehmen möchte eine neue Maschine kaufen. Das Investitionsobjekt verursacht fixe Kosten von 25.000 € und variable Kosten von 27.000 €. Die Auslastung beträgt 20.000 Stück/Periode bei einem Stückerlös von 3,50 €. Ist die Investition vorteilhaft und wo liegt die kritische Menge?

Lösungstipp

Kritische Auslastung:

$$\text{Break-even-Menge} = \frac{\text{gesamte Fixkosten}}{\text{Erlös pro Stück - variable Stückkosten}}$$

$$\text{Break-even-Umsatz} = \text{Stückpreis} \times \text{Break-even-Menge}$$

Amortisationsrechnung

Übung 40
🕐 **4 min**

Ein Unternehmen plant den Kauf eines neuen Kleintransporters für den Fahrzeugpool. Das favorisierte Fahrzeug hat einen Anschaffungswert von 45.000 €. Innerhalb der Nutzungszeit von 6 Jahren rechnet das Unternehmen mit den folgenden jährlichen Einzahlungsüberschüssen: 9.000 €, 13.000 €, 13.000 €, 11.000 €, 10.000 €, 9.000 €. Wie lange dauert es nach der Kumulationsrechnung, bis sich der Kleintransporter amortisiert hat?

Lösung 39

Gewinnvergleichsrechnung: Einzelinvestition		
Erträge [€/Periode]:		+ 70.000
Fixe Kosten [€/Periode]	– 25.000	
Variable Kosten [€/Periode]	– 27.000	
Gesamte Kosten [€/Periode]		– 52.000
Gewinn [€/Periode]		+ 18.000

$$\text{Break-even-Menge} = \frac{25.000\ €}{(3,50\ €/\text{St.} - 1,35\ €/\text{St.})} = 11.628\ \text{St.}$$

Break-even-Umsatz = 3,50 €/St. × 11.628 St. = 40.698 €

Die kritische Auslastung liegt bei 11.628 Stück und bei einem Umsatz von 40.698 €.

Lösung 40

	Rückflüsse	
	jährlich	kumuliert
1. Jahr	9.000 €	9.000 €
2. Jahr	13.000 €	22.000 €
3. Jahr	13.000 €	35.000 €
4. Jahr	11.000 €	46.000 €
5. Jahr	10.000 €	56.000 €
6. Jahr	9.000 €	65.000 €

Die Amortisationszeit des Fahrzeugs beträgt ca. vier Jahre.

Gewinnvergleichs-, Rentabilitäts- und Amortisationsrechnung

Übung 41

🕐 **15 min**

Ein Unternehmen plant die Durchführung eines Investitionsprojekts, um ein neues Produkt in Serie gehen zu lassen. Es liegen zwei Angebote A und B vor, für die folgende Daten bekannt sind:

	Anlage A	Anlage B
Anschaffungspreis [€]	200.000	240.000
Anschaffungsnebenkosten [€]	20.000	30.000
Nutzungsdauer [Jahre]	8	8
Kalkulationszinssatz [%]	6	6
Liquidationserlös [€]	16.000	16.000
Absatzmenge [Stück/Jahr]	20.000	24.000
Absatzpreis [€/Stück]	8	8
Sonstige fixe Kosten [€/Jahr]	6.000	22.000
Variable Kosten [€/Stück]	4,60	4,40

Ermitteln Sie das günstigere Angebot, indem Sie eine Gewinnvergleichsrechnung, eine Rentabilitätsrechnung und eine Amortisationsrechnung nach der Durchschnittsmethode durchführen.

Lösungstipps

Gewinn = Umsatzerlöse - Gesamtkosten

$$\text{Rentabilität} = \frac{\varnothing \text{ Gewinn vor Zinsen}}{\varnothing \text{ Kapitalbindung}} \times 100$$

Amortisationsdauer in Jahren

$= \dfrac{\text{Kapitaleinsatz (Anschaffungskosten − Restwert)}}{\varnothing \text{ jährlicher Gewinn + Abschreibungen}}$

Lösung

- Gewinnvergleichsrechnung:

	Anlage A	Anlage B
Umsatz = Preis × Menge [€/Jahr]	160.000	192.000
Abschreibungen [€/Jahr]	25.500	31.750
Zinsen [€/Jahr]	7.080	8.580
Sonstige fixe Kosten [€/Jahr]	6.000	22.000
Variable Kosten [€/Jahr]	92.000	105.600
Gesamtkosten [€/Jahr]	**130.580**	**167.930**
Gewinn = Umsatz − Kosten [€/Jahr]	**+ 29.420**	**+ 24.070**

Die Anlage A ist vorteilhaftere Alternative.

- Rentabilitätsrechnung:

Rentabilität Anlage A $= \dfrac{29.420 \text{ €/J.} + 7.080 \text{ €/J.}}{118.000 \text{ €/J.}} \times 100$

$= 30{,}93\ \%$

Rentabilität Anlage B $= \dfrac{24.070 \text{ €/J.} + 8.580 \text{ €/J.}}{143.000 \text{ €/J.}} \times 100$

$= 22{,}83\ \%$

Auch danach ist die Anlage A die bessere Entscheidung.

- Amortisationsrechnung

$$\text{Amortisationszeit Anlage A} = \frac{220.000\ €-16.000\ €}{29.420\ €/J. + 25.500\ €/J.}$$

$$= 3,7 \text{ Jahre}$$

$$\text{Amortisationszeit Anlage B} = \frac{270.000\ €-16.000\ €}{24.070\ €/J. + 31.750\ €/J.}$$

$$= 4,5 \text{ Jahre}$$

Die Anlage A ist der Anlage B vorzuziehen, da sie eine um 0,8 Jahre kürzere Amortisationszeit aufweist.

Praxistipps

- Bei unterschiedlicher Auslastung führt bei der Gewinnvergleichsrechnung nur ein Periodenvergleich zum richtigen Ergebnis. Wählen Sie die Alternative mit den höchsten Gewinnerwartungen.

- Die Rentabilitätsrechnung bezweckt eine absolute Aussage über die Wirtschaftlichkeit einer Investition, indem sie den prognostizierten Gewinn auf das eingesetzte Kapital bezieht.

- Die Amortisationsrechnung ermittelt den Zeitraum, innerhalb dessen eine Investition durch die erzielten Erträge zurückgezahlt wird (Pay-off-Periode).

Dynamische Investitionsrechnung

Kapitalwertmethode   Übung 42
                                         🕐 20 min

Ein Unternehmen plant den Kauf einer neuen Fräsmaschine. Die Anschaffungskosten (I_0) der beiden möglichen Objekte A und B betragen jeweils 110.000 €, der Kalkulationszinsfuß 8 % und die Nutzungsdauer 8 Jahre. Der Liquidationserlös (L) beträgt bei Objekt A 10.000 € und bei Objekt B 12.000 €. Weitere Informationen entnehmen Sie bitte der Tabelle:

	Investitionsobjekt A		Investitionsobjekt B	
	Einzahlungen (E)	Auszahlungen (A)	Einzahlungen (E)	Auszahlungen (A)
1. Jahr	100.000 €	80.000 €	105.000 €	90.000 €
2. Jahr	110.000 €	85.000 €	80.000 €	75.000 €
3. Jahr	90.000 €	80.000 €	115.000 €	80.000 €
4. Jahr	95.000 €	80.000 €	70.000 €	50.000 €
5. Jahr	120.000 €	90.000 €	100.000 €	55.000 €
6. Jahr	115.000 €	80.000 €	90.000 €	60.000 €
7. Jahr	80.000 €	60.000 €	120.000 €	100.000 €
8. Jahr	105.000 €	65.000 €	110.000 €	85.000 €

Welches Investitionsobjekt ist nach der Kapitalwertmethode das vorteilhaftere? Wie wäre die Entscheidung bei konstanten Rückflüssen? Jährliche Rückflüsse Investitionsobjekt A: 24.375 €; Investitionsobjekt B: 24.000 €.

Lösungstipps

$$\text{Abzinsungsfaktor (AbF)} = \frac{1}{q^n} = \frac{1}{(1+i)^n}$$

$$\text{Rentenbarwertfaktor (RBF)} = \frac{q^n - 1}{q^n \times i}$$

$$\text{Kapitalwert } (C_0) = -I_0 + \sum_{t=1}^{n} \frac{R_t}{q^t} \pm \frac{L_n}{q^n}$$

$$\text{Kapitalwert } (C_0) = -I_0 + R \times \frac{q^n - 1}{q^n \times i} \pm \frac{L_n}{q^n}$$

Lösung

Abzinsungsfaktor		Objekt A [€]		Objekt B [€]	
Jahr	0,08	E – A	Barwert	E – A	Barwert
1	0,925926	20.000	18.518,52	15.000	13.888,89
2	0,857339	25.000	21.433,475	5.000	4.286,70
3	0,793832	10.000	7.938,32	35.000	27.784,12
4	0,735030	15.000	11.025,45	20.000	14.700,60
5	0,680583	30.000	20.417,49	45.000	30.626,24
6	0,630170	35.000	22.055,95	30.000	18.905,10
7	0,583490	20.000	11.669,80	20.000	11.669,80
8	0,540269	40.000	21.610,76	25.000	13.506,73
+ L	0,5402689	10.000	5.402,69	12.000	6.483,23
= Summe Barwert			140.072,46		141.851,40
– Anschaffungskosten			110.000,00		110.000,00
= Kapitalwert			30.072.46		31.851,40

Beide Objekte sind vorteilhaft, da die Kapitalwerte positiv sind. Das Investitionsobjekt B hat im Vergleich zum Investitionsobjekt A einen um 1.742,94 € höheren Kapitalwert und ist damit vorteilhafter.

Bei konstanten Rückflüssen:

Kapitalwert Investitionsobjekt A:

$$C_0 = -110.000 \, € + 24.375 \, € \times \frac{1{,}08^8 - 1}{1{,}08^8 \times 0{,}08}$$

$$+ \frac{10.000}{1{,}08^8} = 35.477 \, €$$

Kapitalwert Investitionsobjekt B:

$$C_0 = -110.000 \, € + 24.000 \, € \times \frac{1{,}08^8 - 1}{1{,}08^8 \times 0{,}08}$$

$$+ \frac{12.000}{1{,}08^8} = 34.403 \, €$$

In diesem Fall wäre das Investitionsobjekt A vorteilhafter.

Praxistipps

- Eine Investition ist dann vorteilhaft, wenn der Kapitalwert größer oder gleich null ist.
- Wählen Sie die Investition mit dem höchsten positiven Kapitalwert.

Interne Zinsfußmethode

Übung 43

🕐 **15 min**

Ein Unternehmen beabsichtigt den Kauf einer neuen automatischen Bandsäge. Die Anschaffungskosten (I_0) betragen 110.000 € und die Nutzungsdauer wird mit 4 Jahren veranschlagt. Die geforderte Mindestrendite beträgt 9 Prozent. Für die vier Jahre wird mit folgenden Rückflüssen gerechnet: 30.000 €, 35.000 €, 40.000 € und 30.000 €

Ermitteln Sie den internen Zinssatz und beurteilen Sie, ob das Investitionsvorhaben vorteilhaft ist oder nicht.

Lösungstipps

Berechnen Sie zunächst den Kapitalwert mit dem Versuchszinssatz von 10 %. Falls der Kapitalwert positiv ist, wählen Sie einen höheren Zinssatz, z. B. 15 %, damit der Kapitalwert negativ wird. Sollte der Kapitalwert bei 10 % negativ sein, so nehmen Sie einen niedrigeren Zinssatz, z. B. 5 %, damit Sie einen positiven Kapitalwert erhalten. Für die Berechnung des internen Zinssatzes wenden Sie die folgende Formel an:

$$r = i_1^+ + C_{01}^+ \times \frac{i_2^- - i_1^+}{C_{01}^+ - C_{02}^-}$$

r = interner Zinsfuß

i_1^+ = Versuchszinssatz 1

i_2^- = Versuchszinssatz 2

C_{01}^+ = Kapitalwert (positiv) bei i_1

C_{02}^- = Kapitalwert (negativ) bei i_2

Lösung

Es werden die Kapitalwerte mit zwei Versuchszinssätzen berechnet.

Jahr	Rück-flüsse	Zins i = 0,05		Zins i = 0,1	
		Abzinsungs-faktor	Barwert	Abzinsungs-faktor	Barwert
1	30.000	0,952381	28.571,43	0,909091	27.272,73
2	35.000	0,907029	31.746,02	0,826446	28.925,61
3	40.000	0,863838	34.553,52	0,751315	30.052,60
4	30.000	0,822702	24.681,06	0,683013	20.490,39
= Summe der Barwerte [€]			119.552,03		106.741,33
– Anschaffungskosten [€]			110.000,00		110.000,00
= Kapitalwert [€]			9.552,03		– 3.258,67

Rechnerische Ermittlung des internen Zinsfußes r:

$$r = 0,05 + 9.552,03 \times \frac{0,1 - 0,05}{9.552,03 - (-3.258,67)} = 0,087$$

Der interne Zinssatz der Investition beträgt 8,7 % und liegt damit unter der geforderten Mindestverzinsung von 9 %. Das Investitionsvorhaben sollte nicht realisiert werden.

Annuitätenmethode

Übung 44

🕐 **12 min**

Ein Unternehmen plant eine zusätzliche Abfüllanlage für sein Mineralwasser. Es stehen zwei Alternativen zur Auswahl. Bei Investitionsobjekt A betragen die Anschaffungskosten 90.000 € und bei Investitionsobjekt B 80.000 €. Beide haben eine Nutzungsdauer von fünf Jahren. Der Kalkulationszinssatz liegt bei 10 %. Prüfen Sie, welche der beiden Investitionsobjekte – unter Zuhilfenahme der Annuitätenmethode – vorteilhafter für das Unternehmen ist. Es sind folgende Informationen bekannt:

Jahr	Überschüsse Objekt A	Überschüsse Objekt B
1	30.000 €	25.000 €
2	35.000 €	25.000 €
3	20.000 €	20.000 €
4	25.000 €	30.000 €
5	15.000 €	10.000 €

Lösungstipp

Annuität = Kapitalwert × Kapitalwiedergewinnungsfaktor

$$\text{Annuität} = C_0 \times \frac{q^n \times i}{q^n - 1} = C_0 \times \frac{(1 + i)^n \times i}{(1 + i)^n - 1}$$

Lösung

Abzinsungsfaktor		Objekt A		Objekt B	
Jahr		Über–schüsse	Barwert	Über–schüsse	Barwert
1	0,909091	30.000	27.272,73	25.000	22.727,28
2	0,826446	35.000	28.925,61	25.000	20.661,15
3	0,751315	20.000	15.026,30	20.000	15.026,30
4	0,683013	25.000	17.075,33	30.000	20.490,39
5	0,620921	15.000	9.313,82	10.000	6.209,21
= Summe [€]			**97.613,79**		**85.114,33**
– Anschaffungskosten [€]			−90.000,00		−80.000,00
= Kapitalwert [€]			**7.613,79**		**5.114,33**

Annuität des Investitionsobjekts A:

$$\text{Annuität} = 7.613,79 \times \frac{1,1^5 \times 0,1}{1,1^5 - 1} = 2.008,50 \text{ €/Jahr}$$

Annuität des Investitionsobjekts B:

$$\text{Annuität} = 5.114,33 \times \frac{1,1^5 \times 0,1}{1,1^5 - 1} = 1.349,14 \text{ €/Jahr}$$

Praxistipp

Die Annuitätenmethode ist immer dann empfehlenswert, wenn den Investor nicht nur die Vorteilhaftigkeit einer Investition, sondern auch die Höhe des durchschnittlichen Gewinns interessiert. Die Annuitätenmethode kommt dem Denken der Praktiker in jährlichen Zahlen entgegen.

Kapitalwert– und interne Zinsfußmethode

Übung 45

 **15 min**

Ein Produktionsunternehmen, das einen sehr hohen Energieverbrauch hat, überlegt, ob es eine Solaranlage kaufen soll.

Mit der Solaranlage könnten im Jahr 150.000 Liter Heizöl eingespart werden.

Die Kosten für das Heizöl werden für die nächsten fünf Jahre nach dem Einbau der Solaranlage wie folgt geschätzt:

Jahr 1:   0,40 €/l
Jahr 2:   0,40 €(l
Jahr 3:   0,40 €/l
Jahr 4:   0,45 €/l
Jahr 5:   0,45 €/l

Die Anschaffungskosten für die Solaranlage betragen 220.000 €. Die betriebsgewöhnliche Nutzungsdauer wird mit fünf Jahren angegeben.

- Berechnen Sie den Kapitalwert dieser Investition bei einem Kalkulationszinssatz von 10 %.
- Berechnen Sie den internen Zinsfuß dieser Investition.

Lösung

Berechnung der Rückflüsse:

Jahr 1:   0,40 €/l × 150.000 l = 60.000 €
Jahr 2:   0,40 €/l × 150.000 l = 60.000 €
Jahr 3:   0,40 €/l × 150.000 l = 60.000 €
Jahr 4:   0,45 €/l × 150.000 l = 67.500 €
Jahr 5:   0,45 €/l × 150.000 l = 67.500 €

Es gibt zwei Möglichkeiten für die Berechnung:

Variante I:

$$C_0 = -I_0 + \frac{R_1}{q^1} + \frac{R_2}{q^2} + \frac{R_3}{q^3} + \frac{R_4}{q^4} + \frac{R_5}{q^5}$$

$$C_0 = -220.000 + \frac{60.000}{1,1} + \frac{60.000}{1,21} + \frac{60.000}{1,331} + \frac{67.500}{1,4641} + \frac{67.500}{1,61051}$$

$$= +17.226,73 \,€$$

Variante II:

$$C_0 = -I_0 + R_{1-3} \times RBF_{n=3}^{i=10\%} + R_{4-5} \times RBF_{n=2}^{i=10\%} \times \frac{1}{q^3}$$

$$C_0 = -220.000 + 60.0000 \times 2,486852$$
$$+ 67.500 \times 1,735537 \times 0,751315 = +17.226,73 \,€$$

Der Kapitalwert ist positiv, d. h. die Investition ist zu empfehlen.

Ermittlung des internen Zinssatzes:

Versuchszinssätze 15 % und 10 %

$$C_0 \text{ (bei 15 \%)} = -I_0 + R_{1\text{-}3} \times RBF_{n=3}^{i=15\%} + R_{4\text{-}5} \times RBF_{n=2}^{i=15\%} \times \frac{1}{q^3}$$

$C_0 = -220.000 + 60.000 \times 2,283225$

$\quad + 67.500 \times 1,625709 \times 0,657516 = -10.853,75 \text{ €}$

Der Kapitalwert bei 15 % ist negativ.

Der Kapitalwert bei 10 % ist positiv.

$$r = i_1 + C_{01} \times \frac{i_2 - i_1}{C_{01} - C_{02}}$$

$\quad = 0,10 + 17.227 \times \dfrac{0,15 - 0,10}{17.227 - (-10.854)} = 0,13065$

$\quad = 13,065 \%$

Der interne Zinsfuß beträgt 13,065 %.

Praxistipps

Eine Investition ist dann vorteilhaft, wenn ihr interner Zinsfuß größer ist als der Kalkulationszinssatz als Maßstab der Mindestverzinsung.

Wählen Sie die Alternative mit dem höchsten internen Zinsfuß.

Glossar

Annuität

Der durchschnittliche jährliche Gewinn einer Investition.

Barwert

Gegenwartswert einer zukünftigen Zahlung.

Break–even–Menge

Die kritische Menge am Übergang von der Verlust- in die Gewinnzone, bei der das Ergebnis gerade null ist. Der Break-even-Point ist erreicht, wenn die Fixkosten durch die aus den verkauften Produkten erzielten Deckungsbeiträge gedeckt werden.

Cashflow

Bringt zum Ausdruck, inwieweit ein Unternehmen von der finanziellen Seite her in der Lage ist, aus eigener Kraft die finanziellen Mittel zur Erfüllung der existenziell wichtigen Aufgaben bereitzustellen.

Debitorenlaufzeit

Gibt Aufschlüsse über das Zahlungsverhalten der Kunden, d. h. darüber, wie lange es dauert, bis die Umsatzerlöse wieder in liquide Mittel umgewandelt werden. Hier wird ein möglichst geringer Wert angestrebt.

Deckungsbeitrag

Der Betrag, den ein Produkt zur Deckung der Fixkosten und zur Erzielung des Nettogewinns leistet. Er wird aus der Differenz zwischen den Verkaufserlösen und den variablen (direkt mengenabhängigen) Kosten ermittelt.

Direct Costing

Form der Teilkostenrechnung, die zwischen fixen und variablen Kosten unterscheidet.

EBIT (Earnings before Interest and Taxes)

Ergebnis vor Zinsen und Steuern. Entspricht dem operativen Geschäftsergebnis.

EBITDA (Earnings before Interest, Taxes, Depreciation and Amortization)

Ergebnis vor Zinsen, Steuern und Abschreibungen von Sachanlagen, Geschäfts- und Firmenwerten. Entspricht annähernd dem betrieblichen Cashflow eines Unternehmens.

Eigenkapitalquote

Gibt den Anteil des Eigenkapitals am Gesamtkapital an.

Fixkosten

Kosten, die unabhängig von der Ausbringungsmenge immer in gleicher Höhe anfallen. Sie werden auch als beschäftigungsfixe oder zeitabhängige Kosten bezeichnet und sind stets Gemeinkosten.

Gemeinkosten

Kosten, die den Kostenträgern nicht unmittelbar zugeordnet werden können. Im Rahmen der Vollkostenrechnung werden die Gemeinkosten unter Verwendung von Schlüsselgrößen auf die Produkte verteilt.

Herstellkosten

Kosten, die in der betrieblichen Kostenrechnung bei der Erzeugung von Produkten angefallen sind.

Herstellungskosten

Dienen in der Handels- und Steuerbilanz als Bewertungsmaßstab für die unfertigen und fertigen Erzeugnisse sowie für die aktivierten Eigenleistungen.

Interner Zinsfuß

Zins, bei dem der Kapitalwert der diskontierten Ein- und Auszahlungen null ist. Der interne Zins drückt die Rendite (effektive Verzinsung) eines Investitionsprojekts aus.

Kapitalwert

Instrument der dynamischen Investitionsrechnung, bei dem alle durch die Investition verursachten Zahlungen auf den Zeitpunkt $t = 0$ abgezinst und aufsummiert werden. Eine

Investition ist dann vorteilhaft, wenn ihr Kapitalwert größer oder mindestens gleich null ist.

Kreditorenlaufzeit

Gibt an, nach wie vielen Tagen Lieferanten durchschnittlich vom Unternehmen bezahlt werden. Eine Erhöhung des Lieferantenziels deutet auf eine Verschlechterung der finanziellen Situation im Unternehmen hin.

Lagerdauer

Sagt aus, wie lange die Vorräte und das dafür benötigte Kapital durchschnittlich gebunden sind. Eine Reduzierung der Lagerdauer führt zu einer niedrigeren Kapitalbindung und zu einer Steigerung der Wirtschaftlichkeit.

Leverage–Effekt

Beschreibt die Beziehung zwischen Eigen- und Gesamtkapitalrentabilität. Die Eigenkapitalrentabilität kann erhöht werden, wenn der Verschuldungsgrad erhöht wird und der Fremdkapitalzinssatz niedriger als die Gesamtkapitalrentabilität ist.

Liquidität

Die Fähigkeit eines Unternehmens, seinen Zahlungsverpflichtungen zu jedem Zeitpunkt nachzukommen.

Liquiditätsgrade

Die Liquidität 1., 2. und 3. Grades sagt aus, bis zu welchem Grad ein Unternehmen mit seinen liquiden Mitteln und Forderungen seine kurzfristigen Schulden bezahlen kann.

Rating

Eine Form der Kreditwürdigkeitsprüfung. Es dient zur Bonitätsbeurteilung von Unternehmen und zur Risikobeurteilung von gewerblichen Kreditengagements.

Rentabilität

Kennzahl, die die Ertragsfähigkeit eines Unternehmens ausdrückt. Dabei wird der Gewinn zum eingesetzten Kapital ins Verhältnis gesetzt.

Return on Investment (ROI)

Mit dem Return on Investment wird die Rendite des investierten Kapitals bestimmt.

Rohertrag

Saldo aus der Gesamtleistung und den Aufwendungen für Material, Fremdleistungen, Zölle etc. Er bildet die vom Unternehmen erbrachten Leistungen ab.

Shareholder Value

Unternehmensphilosophie, die die Interessen der Unternehmenseigentümer in den Mittelpunkt stellt. Die Unternehmenstätigkeit ist darauf ausgerichtet, langfristig den Unternehmenswert zu steigern.

Target Costing

Instrument zur frühzeitigen Festlegung erlaubter Marktpreise und der daraus abgeleiteten Zielkosten.

Verschuldungsgrad

Verhältnis zwischen Fremd- und Eigenkapital.

Working Capital

Wird als absoluter Wert ausgedrückt. Vom gesamten Umlaufvermögen werden die kurzfristigen Verbindlichkeiten abgezogen. Je höher das Working Capital, desto sicherer die zukünftige Liquiditätslage.

Literaturverzeichnis

Adam, D.: Produktionsmanagement, 8. Auflage, Wiesbaden 1998.

Birker, K.: Einführung in die Betriebswirtschaftslehre, Berlin 2006.

Blohm, H./Lüder, K.: Investition, 9. Auflage, München 2006.

Bodenstein, G.: Kundenbindung, Landsberg/Lech 2006.

Bruhn, M.: Marketing, Lehrbuch, 1. Auflage, Wiesbaden 2007.

Corsten, H.: u.a. Lexikon der Betriebswirtschaftslehre, 6. Auflage, München/Wien 2005.

Gräfer, H.: Bilanzanalyse, 9. Auflage, Herne/Berlin 2005.

Haberstock, L.: Kostenrechnung 1+2, 12+9. Auflage, Berlin 2004.

Härdler, J.: Betriebswirtschaftslehre für Ingenieure, 3. Auflage, München/Wien 2006.

Jung, H.: Allgemeine Betriebswirtschaftslehre, 10. Auflage, München 2006.

Kruschwitz, L.: Investitionsrechnung, 11. Auflage, München/Wien 2007.

Lisges G./Schübbe F.: Personalcontrolling, 2. Auflage, Freiburg 2007.

Meffert, H.: Marketing, 9. Auflage, Wiesbaden 2004.

Olfert, K.: Personalwirtschaft, 12. Auflage, Ludwigshafen 2006.

Perridon, L./Steiner, M.: Finanzwirtschaft der Unternehmung, 14. Auflage, München 2006.

Schierenbeck, H.: Grundzüge der Betriebswirtschaftslehre, 16. Auflage, München 2003.

Schmidt, A.: Kostenrechnung, 4. Auflage, Stuttgart/Berlin/Köln 2005.

Thommen, J.-P./Achleitner, A.-K.: Allgemeine Betriebswirtschaftslehre, 5. Auflage, Wiesbaden 2007.

Thomsen, J.: Schnelleinstieg Einnahme-Überschussrechnung, 3. Auflage, Freiburg 2007

Vollmuth, H.: Kennzahlen, 4. Auflage, Freiburg 2006.

Weber, M.: Schnelleinstieg Kennzahlen, 1. Auflage, Freiburg/Berlin/München 2006.

Wöhe, G.: u.a. Einführung in die Allgemeine Betriebswirtschaftslehre, 22. Auflage, München 2005.

Wöltje, J.: Investitions- und Finanzmanagement, Köln/Wien 2002.

Wöltje, J.: Betriebswirtschaftliche Formelsammlung, 3. Auflage, Planegg 2008.

Wöltje, J.: Kostenrechnung Trainer, Planegg, 2007.

Wöltje, J.: Schnelleinstieg Rechnungswesen, Planegg, 2008.

Stichwortverzeichnis

Bibliografische Information der Deutschen Bibliothek
Die Deutsche Bibliothek verzeichnet diese Publikation in der Deutschen Nationalbibliografie; detaillierte bibliografische Daten sind im Internet über http://dnb.ddb.de abrufbar

ISBN 978-3-448-09088-8
Bestell-Nr. 00993-0001

© 2008, Haufe Verlag GmbH & Co. KG, Niederlassung Planegg/München
Postanschrift: Postfach, 82142 Planegg
Hausanschrift: Fraunhoferstraße 5, 82152 Planegg
Fon (0 89) 8 95 17-0, Fax (0 89) 8 95 17-2 50
E-Mail: online@haufe.de
Internet www.haufe.de, www.taschenguide.de
Redaktion: Jürgen Fischer
Redaktionsassistenz: Christine Rüber

Lektorat und DTP: Sylvia Rein, 81371 München
Umschlagentwurf: Agentur Buttgereit & Heidenreich, 45721 Haltern am See
Umschlaggestaltung: Simone Kienle, 70182 Stuttgart
Druck: freiburger graphische betriebe, 79108 Freiburg

Zur Herstellung der Bücher wird nur alterungsbeständiges Papier verwendet.

Der Autor

Prof. Dr. Jörg Wöltje

Diplom-Wirtschaftsingenieur, Jahrgang 1962, mehrjährige Industrietätigkeit im Finanz- und Rechnungswesen, Controlling sowie als kaufmännischer Leiter. Seit 1998 Professor für Betriebswirtschaftslehre, Finanz- und Rechnungswesen, Inernationale Rechnungslegung sowie Unternehmensanalyse an der Hochschule Karlsruhe – Technik und Wirtschaft. Daeben führt er Veranstaltungen bei privaten Bildungsträgern, der Verwaltungs- und Wirtschafts-Akademie sowie dem BankCOLLEG durch.

Weitere Literatur

„Kostenrechnung Trainer", von Prof. Dr. Jörg Wöltje, 128 Seiten mit CD-ROM, € 9,90. ISBN 978-3-448-07903-6, Bestell-Nr. 00931

„Schnelleinstieg Rechnungswesen" von Prof. Dr. Jörg Wöltje, 300 Seiten mit CD-ROM, € 29,80. ISBN 978-3-448-08716-1, Bestell-Nr. 06389

TaschenGuides – Qualität entscheidet

Bereits erschienen:

■ Der Betrieb in Zahlen
- 400 € Mini-Jobs
- Balanced Scorecard
- Betriebswirtschaftliche Formelsammlung
- Bilanzen lesen
- Buchführung
- Businessplan
- BWL Grundwissen
- BWL Kompakt – die 100 wichtigsten Fakten
- Controllinginstrumente
- Deckungsbeitragsrechnung
- Einnahmen-Überschussrechnung
- Finanz- und Liquiditätsplanung
- Die GmbH
- IFRS
- Kaufmännisches Rechnen
- Kennzahlen
- Kleines Lexikon Rechnungswesen
- Kontieren und buchen
- Kostenrechnung
- Kleine mathematische Formelsammlung
- VWL Grundwissen

■ Mitarbeiter führen
- Besprechungen
- Führungstechniken
- Die häufigsten Managementfehler
- Management
- Managementbegriffe
- Mitarbeitergespräche
- Moderation
- Motivation
- Projektmanagement
- Spiele für Workshops und Seminare
- Teams führen

■ Karriere
- Assessment Center
- Existenzgründung
- Ich-AG – mit Gründerzuschuss selbstständig
- Jobsuche und Bewerbung
- Vorstellungsgespräche

■ Geld und Specials
- Die neue Rechtschreibung
- Eher in Rente
- Energieausweis
- IGeL – Medizinische Zusatzleistungen
- Immobilien erwerben
- Immobilienfinanzierung
- Sichere Altersvorsorge
- Geldanlage von A–Z
- Web 2.0
- Zitate für Beruf und Karriere
- Zitate für besondere Anlässe

■ Persönliche Fähigkeiten
- Allgemeinwissen Schnelltest
- Ihre Ausstrahlung
- Business-Knigge – die 100 wichtigsten Benimmregeln
- Mit Druck richtig umgehen
- Emotionale Intelligenz
- Entscheidungen treffen
- Fitness für Beruf und Karriere
- Gedächtnistraining
- Glück!
- IQ-Tests
- Knigge für Beruf und Karriere
- Knigge fürs Ausland
- Kreativitätstechniken
- Manipulationstechniken
- Mind Mapping
- NLP
- Persönliche Situationen meistern
- Schneller lesen
- Selbstmanagement
- Sich durchsetzen
- Soft Skills
- Stress ade
- Verhandeln
- Yoga für Beruf und privat
- Zeitmanagement